Nisha Elizabeth Joshua
S. N. Ojha
Sheela Immanuel

Reforço da aquicultura através da extensão

Nisha Elizabeth Joshua
S. N. Ojha
Sheela Immanuel

Reforço da aquicultura através da extensão

Opções de política

Imprint

Any brand names and product names mentioned in this book are subject to trademark, brand or patent protection and are trademarks or registered trademarks of their respective holders. The use of brand names, product names, common names, trade names, product descriptions etc. even without a particular marking in this work is in no way to be construed to mean that such names may be regarded as unrestricted in respect of trademark and brand protection legislation and could thus be used by anyone.

Cover image: www.ingimage.com

This book is a translation from the original published under ISBN 978-620-2-01445-8.

Publisher:
Sciencia Scripts
is a trademark of
Dodo Books Indian Ocean Ltd. and OmniScriptum S.R.L publishing group

120 High Road, East Finchley, London, N2 9ED, United Kingdom
Str. Armeneasca 28/1, office 1, Chisinau MD-2012, Republic of Moldova, Europe
Printed at: see last page
ISBN: 978-620-7-69122-7

Copyright © Nisha Elizabeth Joshua, S. N. Ojha, Sheela Immanuel
Copyright © 2024 Dodo Books Indian Ocean Ltd. and OmniScriptum S.R.L publishing group

Conteúdo

Reforço da aquicultura através da extensão: Opções de políticas

Resumo

O estudo foi efectuado em cinco distritos, que tinham a maior população de aquicultores de águas interiores em Kerala. Os dados primários foram recolhidos junto de 225 aquicultores que beneficiaram de apoio através da Agência de Gestão das Tecnologias Agrícolas (ATMA) e de 165 funcionários do Departamento das Pescas (DoF) que prestaram apoio ATMA aos agricultores. O contacto dos aquicultores com os vários recursos humanos foi quantificado através do índice de contacto com os recursos humanos, na perspetiva dos aquicultores e do pessoal do DoF, tendo-se verificado que não havia diferenças significativas nas pontuações do índice, o que indicava uma boa relação entre os aquicultores e os recursos humanos. A regularidade das diferentes actividades de disseminação de informação agrícola conduzidas pela ATMA e a satisfação daí resultante foram avaliadas entre os agricultores, através do método Garrett. Foram identificadas as diferentes fontes através das quais os agricultores tomaram conhecimento da ATMA. São propostas sugestões políticas para melhorar o apoio à extensão destinado aos agricultores, o que contribuirá para o desenvolvimento da aquicultura.

1. Introdução

A pesca e a aquacultura desempenham um papel importante no fornecimento de alimentos e rendimentos, quer isoladamente quer em combinação com a agricultura e a pecuária em muitos países em desenvolvimento (World Fish Centre, 2011). O agricultor, o núcleo da produção aquícola, estará rodeado de recursos como insumos, serviços e mercados para o seu funcionamento. Uma agência de extensão agrícola eficaz abre o caminho correto para que os agricultores tenham acesso atempado a esses recursos para obter insumos de qualidade, equipamentos, serviços de consultoria, crédito institucional, excluir intermediários e obter melhores preços para os seus produtos e mobilizá-los para melhores práticas de gestão agrícola (Kumaran *et al.*, 2012). Os extensionistas devem ser competentes e preocupar-se com o seu cliente, uma vez que a satisfação do cliente é uma medida da qualidade dos serviços de extensão prestados aos seus clientes (Allen, 2004). A prestação eficaz de serviços de extensão pode impulsionar a produção aquícola (Wang, 2001) e pode levar à elevação económica dos piscicultores rurais pobres (Omoyeni e Yisa, 2005; Tu e Giang, 2002; Udo *et al.*, 2005). A Agência de Gestão da Tecnologia Agrícola (ATMA) é uma sociedade registada de intervenientes-chave envolvidos na disseminação de tecnologia a nível distrital, envolvidos em actividades agrícolas e afins, para o seu desenvolvimento sustentável (MANAGE, 2007). Através da ATMA, os funcionários dos departamentos de agricultura e afins, em associação com o pessoal do Departamento de Pescas (DoF), começaram a encorajar a aquacultura, com novos projectos e esquemas, apoiando os piscicultores através de actividades como formação, demonstração, visitas de exposição, recompensas e incentivos e outras actividades inovadoras. Neste contexto, foi efectuado um estudo entre os beneficiários do ATMA para avaliar o apoio de extensão que lhes era prestado.

2. Materiais e métodos

Uma lista dos piscicultores beneficiários das actividades apoiadas pelo ATMA foi obtida do DoF para o ano de 2010 a 2012 em cinco distritos, que tinham a maior população de piscicultores do interior, nomeadamente Kollam, Alappuzha, Kottayam, Ernakulam e Thrissur (DoF, 2010). Entre esses distritos, não houve muita variação entre os beneficiários piscicultores. Por isso, decidiu-se por uma amostra uniforme de todos os distritos. Um total de 45 piscicultores que receberam apoio ATMA foram escolhidos aleatoriamente de cada um dos cinco distritos, selecionando assim um total de 225 piscicultores de todos os cinco distritos. Além disso, 33 funcionários do Departamento de Pescas (DoF) foram também seleccionados de cada distrito, fazendo assim com que o tamanho total da amostra fosse 390. Os dados primários foram recolhidos através da aplicação de um questionário aos inquiridos. Foram utilizadas ferramentas estatísticas disponíveis no SPSS 16.0 e no MS Excel. A breve descrição e a medição das variáveis seleccionadas para os inquiridos são apresentadas no Quadro 1.

Quadro 1: Breve descrição e medição das variáveis

Variáveis	Descrição	Medida (a pontuação/códigos são indicados entre parênteses)	Justificação
Contacto da pessoa de recurso Índice	Contactar um piscicultor com agentes de desenvolvimento ou de extensão para obter aconselhamento	Pontuação: Cada extensão O pessoal contactado foi classificado como 1, ou seja, os VEW (1): BDOs (1): Especialistas das estações de investigação (1): Fornecedores de insumos (1): Agentes de marketing (1): Banqueiros (1): Profissionais da KVK (1): ONGs (1): SHGs (1): Cooperativas (1): Membros de *Panchayath* (1): Além disso, a regularidade de acesso a cada um dos extensionistas contactados foi classificada como Nunca (0): Semestralmente (1): Mensalmente (2): Semanalmente (4): Mais de uma vez por semana (5):	Não foi possível diferenciar a importância relativa do pessoal da extensão, pelo que lhe foi atribuída a mesma pontuação de 1. Foi atribuída uma pontuação mais elevada às pessoas que foram contactadas com mais regularidade

		Conforme a necessidade (6)	
Regularidade e satisfação da atividade de divulgação de informações agrícolas	Regularidade na divulgação de informações através de diferentes fontes e satisfação decorrente da realização	Pontuação. Cada método de disseminação de informação tem uma pontuação (1), ou seja, a nível distrital exposições (1): Espectáculos aquáticos (1): Folhetos impressos (1): Anúncios locais (1): Internet (1). O nível de regularidade de cada método foi classificado como: Regularmente (3): Raramente (2):	Não foi possível diferenciar a importância relativa de cada método de divulgação da informação, pelo que foi atribuída uma pontuação igual de 1 .
	tais actividades	Ocasionalmente (1): Não sei (0). O nível de satisfação para cada método foi classificado como: Altamente Satisfatório (4): Satisfatório (3): Insatisfatório (2): Altamente insatisfatório (1)	divulgação de informações os métodos mais regulares e que resultaram num nível de satisfação mais elevado obtiveram pontuações mais elevadas

3. Resultados e discussão

As características demográficas dos piscicultores como idade, género, qualificação educacional, religião, estado civil, ocupação primária, rendimento, tipo de meio de comunicação utilizado e tamanho da família (Mulder, 2006; Bujang *et al.*, 2010) são apresentadas na Tabela 2. Agbebi (2012) afirmou que as características socioeconómicas dos piscicultores influenciaram o seu acesso aos serviços de extensão.

A maioria (72%) dos piscicultores era de meia idade (40-60 anos), 25% eram jovens (20-40 anos) e 4% eram idosos (mais de 60 anos). Os aquacultores de meia-idade eram activos na aquacultura. Os agricultores mais jovens eram poucos, pois mostravam menos interesse em dedicar-se à aquacultura. Devido a problemas de saúde, a atividade dos agricultores idosos era mínima.

Os agricultores de meia-idade (41-60 anos) poderiam ser escolhidos como Amigos dos Agricultores (FFs) e poderiam receber apoio ATMA através de formação, demonstração, visita de exposição e incentivo. Os FFs poderiam transferir o conhecimento adquirido para outros produtores. Os piscicultores com idade superior a 60 anos podem ser nomeados pessoas de recurso durante a PRA e durante a preparação do SREP. Os mais velhos devem ser seleccionados para os Comités Consultivos de Agricultores, pois Coelli (1996) observou que os agricultores mais velhos em Andhra Pradesh são mais experientes.

Tabela 2: Características demográficas dos piscicultores (n=225)

	Kollam	Alappuzha	Kottayam	Ernakulam	Thrissur	Total
Idade						
20-40	11(24.4)	12 (26.7)	3 (6.7)	12 (26.7)	18 (40)	56 (24.9)
40-60	34 (75.6)	29 (64.4)	41 (91.1)	30 (66.7)	27 (60)	161(71.6)
Mais de 60 anos	0 (0)	4 (8.9)	1 (2.2)	3 (6.7)	0 (0)	8 (3.6)
Género						
Masculino	26 (57.8)	33 (73.3)	38 (84.4)	24 (53.3)	42 93.3)	163(72.4)
Feminino	19 (42.2)	12 (26.7)	7 (15.6)	21 (46.7)	3 (6.7)	62 (27.6)
Habilitações literárias						
Primário	1 (2.2)	2 (4.4)	3 (4.4)	4 (4.4)	1 (2.2)	8 (3.6)
Secundário	20 (44.4)	18 (40)	17 (37.8)	20 (44.4)	20 44.4)	95 (42.2)
Ensino secundário superior	16 (35.6)	17 (37.8)	15 (33.3)	10 (22.2)	16 35.6)	74 (32.9)
Graduação	8 (17.8)	9 (17.8)	11 (24.4)	11 (24.4)	8 (17.8)	46 (20.4)
Pós-graduação	0 (0)	0 (0)	0 (0)	2 (4.4)	0 (0)	2 (0.9)

Religião						
Hindu	27 (60)	29 (64.4)	30 (64.4)	23 (51.1)	34 75.6)	142(63.1)
Muçulmano	2 (4.4)	2 (4.4)	1 (2.2)	3 (6.7)	5 (11.1)	13 (5.8)
cristão	16 (35.6)	14 (31.1)	15 (33.3)	19 (42.2)	6 (13.3)	70 (31.1)
Estado civil						
Individual	6 (13.3)	11 (24.4)	11 (24.4)	5 (11.1)	11(24.4)	44 (19.6)
Casado	39 (86.7)	34 (75.6)	34 (75.6)	40 (88.9)	34(75.6)	181(80.4)
Ocupação						
Emprego não qualificado+ Aquacultura	4 (8.9)	3 (6.7)	2 (4.4)	5 (11.1)	2 (4.4)	16 (7.1)
Emprego privado+ Aquacultura	4 (8.9)	7 (15.6)	7 (15.6)	3 (6.7)	4 (8.9)	25 (11.1)
Emprego público+ Aquacultura	9 (20)	9 (20)	9 (20)	8 (17.8)	3 (6.7)	38 (16.9)
Estudante (hobby)+ Aquacultura	2 (4.4)	2 (4.4)	2 (4.4)	1 (2.2)	4 (8.9)	11 (4.9)
Aquacultura	26 (57.8)	24(53.3)	25(55.6)	28(62.2)	32(71.1)	135(60)
Rendimento da aquicultura (por mês em Rs.)						
<1000	17 (37.8)	4 (8.9)	4 (8.9)	11 (24.4)	0 (0)	36 (16)
1000-5000	1 (2.2)	6 (13.3)	2 (4.4)	4 (8.9)	6 (13.3)	19 (8.4)
5000-10000	13(28.9)	11 (24.4)	7 (15.6)	9 (20)	10(22.2)	50 (22.2)
>10000	14 (31.2)	24 (53.4)	32 (71.1)	21 (46.6)	29(64.4)	120(53.3)
Facilidade de comunicação utilizada						
Correios - Sim	45 (20)	45 (20)	45 (20)	45 (20)	45 (20)	225 (100)
Correios - Não	0 (0)	0 (0)	0 (0)	0 (0)	0 (0)	0 (0)
Telemóvel Sim	41 (18.2)	38 (16.9)	42 (18.7)	42 (18.7)	38(16.9)	201(89.3)
Telemóvel - Não	4 (8.9)	7 (15.6)	3 (6.7)	3 (6.7)	7 (15.6)	24 (10.7)
Internet- Sim	14 (6.2)	11 (4.9)	16 (7.1)	17 (7.6)	7 (3.1)	65 (28.9)
Internet- Não	31 (68.9)	34 (75.6)	29 (64.4)	28 (62.2)	38 (84.4)	160 (71.1)
Televisão- Sim	44 (19.6)	42 (18.7)	40 (17.8)	37 (16.4)	35(15.6)	198 (88)
Televisão - Não	1 (2.2)	3 (6.7)	5 (11.1)	8 (17.8)	10 (22.2)	27 (12)
Rádio- Sim	22 (9.8)	19 (8.4)	20 (8.9)	20 (8.9)	32(14.2)	113(50.2)
Rádio- Não	23 (51.1)	26 (57.8)	25 (55.6)	25 (55.6)	13 (28.9)	112

						(49.8)
KCC- Sim	7 (3.1)	5 (2.2)	10 (4.4)	5 (2.2)	12 (5.3)	39 (17.3)
KCC- Não	38 (84.4)	40 (88.9)	35 (77.8)	40 (88.9)	33 (73.3)	186 (82.7)
Tamanho da família						
Dois	1 (2.2)	1 (2.2)	1 (2.2)	1 (2.2)	0 (0)	4 (1.8)
Três	1 (2.2)	1 (2.2)	3 (6.7)	1 (2.2)	5 (11.1)	11 (4.9)
Quatro	32 71.1)	32 (71.1)	31 (68.9)	27 (60)	35 77.8)	157(69.8)
Cinco	11 (24.4)	11 (24.4)	10 (22.2)	16 (35.6)	2 (4.4)	50 (22.2)
Seis	0 (0)	0 (0)	0 (0)	0 (0)	3 (6.7)	3 (1.3)

(As percentagens correspondentes são indicadas entre parêntesis)

Os piscicultores eram maioritariamente homens (72%), uma vez que as mulheres estavam ocupadas com as tarefas domésticas e relutantes em assumir trabalhos pesados na agricultura. Como as mulheres agricultoras eram geralmente marginalizadas nas actividades de extensão, era necessário aumentar o número de agentes de extensão e de FFs mulheres, pois elas poderiam desenvolver relações com as mulheres agricultoras. Deveriam ser organizados workshops e visitas de campo para as mulheres. Como Quisumbing (1996) referiu que os homens e as mulheres nos EUA são igualmente eficientes como gestores das explorações agrícolas no controlo do capital e dos insumos, eles poderiam ser organizados para formar grupos de agricultores, a fim de exigirem fundos. A representação de 33% de mulheres no Conselho de Administração (CG) e no Comité de Gestão (CG) do ATMA deveria ser rigorosamente respeitada, de modo a ter em conta as necessidades e os problemas das mulheres agricultoras.

A maior parte dos piscicultores (42,2%) passou para o nível secundário e muito poucos (0,9%) passaram para o nível de pós-graduação, o que mostra o seu menor interesse em ir para o ensino superior, o que pode ser devido à falta de consciência dos benefícios que poderiam obter através da educação. Como Ali *et al.* (2008) revelaram que os agricultores instruídos compreenderiam facilmente os benefícios das práticas culturais, deveriam receber apoio ATMA através de formação e visitas de exposição, o que os exporia a diferentes tipos de cultura e práticas de gestão, conduzindo a rendimentos mais elevados (Erikson, 2002; Gordon *et al.*, 1997). O agricultor instruído, se identificado como FF, pode disseminar conhecimentos para agricultores menos instruídos. Como Kapanda *et al.* (2005) opinaram que o atraso educativo impedia as mulheres rurais do Malawi de adoptarem métodos agrícolas, as mulheres instruídas que permaneciam inactivas em casa deviam ser capacitadas pelos coordenadores/equipa de tecnologia de bloco (BTT) para formarem grupos de autoajuda (SHGs)/grupos de mercadorias.

Um grande número de agricultores era hindu (63%) e uma minoria (6%) era muçulmana, com castas como Araya (21%), Dheevara (17%), Ezhava (13%), Pulaya (8%), Viswakarma, Kanakka (0,9% cada) e Valan, Vedar, Mukkuva (0,4% cada), à semelhança do estudo efectuado em Kerala por Pulickaparambil (1963). Entre os cristãos, 25% eram católicos latinos, 4% eram marthomitas, 2% eram jacobitas e 0,9% eram católicos romanos. A estratégia de extensão através da ATMA deve estar de acordo com os princípios religiosos dos piscicultores para obter o seu total apoio (Mattison, 2009). O apoio à extensão deve chegar às secções desfavorecidas e às pessoas das castas mais atrasadas.

Oitenta por cento dos agricultores eram casados. Os agricultores casados percebiam melhor as actividades de extensão (Oladosu, 2006) e eram geralmente mais responsáveis e proactivos nas suas acções. Se conseguissem obter apoio da ATMA, poderiam transmitir a informação aos agricultores solteiros. Assim, os agricultores casados poderiam ser seleccionados para as actividades de formação e apoio ATMA.

O máximo de pescadores (60%) estavam envolvidos em piscicultura enquanto que trabalhadores não qualificados (7%), trabalhadores privados (11%), trabalhadores do governo (17%) e estudantes (5%) estavam a fazer piscicultura como uma atividade secundária. Os benefícios da prática da aquacultura devem chegar àqueles que estão a fazer actividades alternativas para a sua subsistência, para aumentar o rendimento e as oportunidades de emprego (Burbridge *et al.*, 2001; Mishra e Goodwin, 2004 e Schultz, 1990) através da formação, da interação entre agricultores e cientistas e do incentivo à participação nessas actividades.

A maior parte dos agricultores (53%) ganhava mais de Rs.10,000 por mês, porque, para além da aquacultura que lhes dava rendimentos para a subsistência, também escolhiam actividades alternativas de subsistência (Ahmed e Lorica, 2002; Bouis, 2000). Aqueles que ganhavam menos de Rs.1,000 e Rs.1,000-Rs.5,000 por mês eram estudantes e mulheres, que faziam piscicultura ornamental, como hobby. Os tanques dos agricultores que ganham muito dinheiro podem ser escolhidos como "tanques de demonstração", que podem ser transformados em "escolas de piscicultura". O número de escolas de piscicultura em um distrito era menor e, portanto, a ATMA costumava organizar visitas de exposição a escolas em distritos ou estados adjacentes, para as quais as mulheres relutavam em ir, pois isso consumia seu tempo e as afastava de casa. As visitas de campo da ATMA e as visitas de exposição às escolas de piscicultura devem ser organizadas para outros agricultores, a fim de os motivar a adotar as melhores práticas de cultivo seguidas pelos agricultores bem sucedidos.

Todos os agricultores da área de estudo utilizavam os correios para comunicar, porque estavam mais próximos do agricultor, tal como foi referido por Chaminuka *et al.* (2008) em África. Um total de 89,3 por cento usava telemóveis, uma vez que existem aparelhos baratos disponíveis, e 88 por cento viam televisão, através da qual viam imagens na língua local, tal como referido por Chhachher *et al.* no Paquistão (2012). Apenas 29 por cento e 17 por cento usaram a Internet e o Centro de Atendimento Kisan, respetivamente, devido à baixa consciencialização. O número de agentes de extensão que chegaram aos piscicultores foi menor em comparação com os sectores aliados, uma vez que o apoio do pessoal do DoF foi menor. Assim, os piscicultores devem ser encorajados a utilizar canais como a rádio, a televisão e a Internet, juntamente com as fontes de comunicação tradicionais, como os correios, para acederem a informação sobre aquacultura, tal como revelado num estudo efectuado por Hussain no Paquistão (2005), o que conduz a um aumento da eficiência (Reisenberg, 1989). Os funcionários da ATMA devem educar os agricultores sobre os benefícios dos meios de comunicação de massas, uma vez que estes podem motivar e sensibilizar as pessoas, tal como foi referido por Escalada no Vietname (1999).

Todos os agricultores tinham famílias nucleares e a maioria (69,8%) tinha uma família de quatro pessoas, e apenas 1,3% tinha mais de 6 membros na família, o que é semelhante ao relatado por Ali *et al.* (2008) no Bangladesh. O agricultor que tem mais membros na família deve ser encorajado a dedicar-se à aquacultura, especialmente à piscicultura ornamental, incluindo-os nos programas de formação ATMA para que possam obter mais rendimentos.

O tipo de peixe cultivado, a área de terra possuída, o tipo de propriedade da terra, a experiência em aquacultura, o tipo de cultura de peixe praticada, o número de trabalhadores empregados, a forma de utilização do rendimento e a forma de comercialização da produção são apresentados no Quadro 3.

Cerca de 47 por cento e 28 por cento, respetivamente, estavam a fazer piscicultura ornamental e alimentar e 26 por cento estavam envolvidos em ambas. Os piscicultores devem ser sensibilizados para as diferentes práticas de piscicultura que podem proporcionar alimentos ricos em proteínas, rendimentos estáveis e emprego, tal como expresso por Belsare

(1986), através de programas de formação ATMA e visitas de exposição. Os pescadores devem ser incentivados a adotar a piscicultura intensiva, oferecendo recompensas pelos melhores resultados.

A maioria dos agricultores (42%) possuía 10-20 cêntimos de terra e apenas 27% possuíam >40 cêntimos de terra. Um total de 9,3 por cento possuía até 10 cêntimos e 7 por cento possuía 30-40 cêntimos, o que mostra que os agricultores não estavam envolvidos em piscicultura intensiva. Como a aquacultura em grandes áreas de terra pode levar a um aumento de rendimento, tal como foi descoberto por Engle (1997) no Ruanda, os proprietários que têm mais área cultivável devem ser motivados a fazer aquacultura intensiva.

Um total de 93% dos agricultores eram proprietários de terras e os restantes alugavam tanques para aquacultura, semelhante a uma afirmação de Ali *et al.* (2008 & 2010) no Bangladesh.

Como a piscicultura pode beneficiar a população local através da criação de oportunidades de emprego, aumento do conhecimento técnico e aumento do rendimento, tal como foi referido por Ahmed *et al.* (2010), os agricultores que não possuem tanques devem ser aconselhados a alugar os sistemas e devem ser apoiados através de um acesso financeiro adequado através das disposições da ATMA e do DoF. Os agentes de extensão, BTMs e outros devem orientar os agricultores sobre as diferentes formas de aceder ao apoio dos bancos de desenvolvimento através de empréstimos a curto ou longo prazo e microcrédito. Uma vez que os lagos de propriedade única geram produções mais elevadas, como constatado por Mollah *et al.* (1990), os agricultores devem ser encorajados a comprar terra.

Um total de 41% tinha dois anos de experiência em aquacultura, enquanto 27% tinha mais de quatro anos, 20% tinha três anos e 11,6% tinha quatro anos.

Quadro 3: Práticas de aquacultura seguidas pelos agricultores (n=225 e % entre parêntesis)

	Kollam (∏₁=45)	Alappuzha (n2=45)	Kottayam (n3=45)	Ernakulam (n4=45)	Thrissur (n5=45)	Total (n=225)
Tipo de peixe cultivado						
Peixes ornamentais	28 (62.2)	28 (62.2)	15 (33.3)	24 (53.3)	10 (22.2)	105 (46.7)
Peixes alimentares	11 (24.4)	11 (24.4)	12 (26.7)	13 (28.9)	15 (33.3)	62 (27.6)
Ambos	6 (13.3)	6 (13.3)	18 (40)	8 (17.8)	20 (44.4)	58 (25.8)
Área de terreno detida (em cêntimos)						
0 - 10	4 (8.9)	3 (6.7)	0 (0)	5 (11.1)	9 (20)	21 (9.3)
10 - 20	26 (57.8)	22 (48.9)	6 (13.3)	23 (51.1)	18 (40)	95 (42.2)
20 - 30	11 (24.4)	6 (13.3)	3 (6.7)	9 (20)	5 (11.1)	34 (15.1)
30 - 40	3 (6.7)	1 (2.2)	6 (13.3)	4 (8.9)	1 (2.2)	15 (6.7)
> 40	1 (2.2)	13 (28.9)	30 (66.7)	4 (8.9)	12 (26.7)	60 (26.7)
Tipo de propriedade da área de terra						
Arrendamento	5 (11.1)	5 (11.1)	0 (0)	4 (8.9)	1 (2.2)	15 (6.7)
Próprio	40 (88.9)	40 (88.9)	45 (100)	41 (91.1)	44 (97.7)	210 (93.3)
Experiência em aquacultura (em anos)						
Dois	24 (53.3)	24 (53.3)	10 (22.2)	23 (51.1)	12 (26.7)	93 (41.3)
Três	9 (20)	9 (20)	5 (11.1)	5 (11.1)	17 (37.8)	45 (20)
Quatro	6 (13.3)	6 (13.3)	0 (0)	7 (15.6)	7 (15.6)	26 (11.6)

>Quatro	6 (13.3)	6 (13.3)	30 (66.7)	10 (22.2)	9 (20)	61 (27.1)
Tipo de piscicultura praticada						
Monocultura	2 (4.4)	2 (4.4)	5 (11.1)	2 (4.4)	33 (73.3)	44 (19.6)
Policultura	41 (91.1)	41 (91.1)	40 (88.9)	41 (91.1)	11 (24.4)	174 (77.3)
Ambos	2 (4.4)	2 (4.4)	0 (0)	2 (4.4)	1 (2.2)	7 (3.1)
Número de trabalhadores empregados						
Zero	30 (66.7)	30 (66.7)	5 (11.1)	28 (62.2)	19 (42.2)	112 (49.8)
Um	1 (2.2)	1 (2.2)	2 (4.4)	1 (2.2)	8 (17.8)	16 (5.8)
Dois	7 (15.6)	7 (15.6)	9 (20)	8 (17.8)	7 (15.6)	38 (16.9)
Três	7 (15.6)	7 (15.6)	4 (8.9)	8 (17.8)	8 (17.8)	34 (15.1)
Quatro	0 (0)	0 (0)	7 (15.6)	0 (0)	0 (0)	7 (3.1)
Cinco	0 (0)	0 (0)	18 (40)	0 (0)	0 (0)	18 (8)
Modo de utilização do rendimento						
Vendido	25 (55.6)	25 (55.6)	18 (40)	19 (42.2)	11 (24.4)	98 (43.6)
Vendido e uso próprio	20 (44.4)	20 (44.4)	27 (60)	26 (57.8)	34 (75.6)	127 (56.4)
Modo de comercialização dos produtos						
Boca a boca	20 (44.4)	17 (37.8)	27 (60)	13 (28.9)	9 (20)	88 (38.2)
Placas de sinalização	17 (37.8)	17 (37.8)	11 (24.4)	19 (42.2)	24 (53.3)	86 (39.1)
Anúncios	2 (4.4)	3 (6.7)	2 (4.4)	3 (6.7)	3 (6.7)	13 (5.8)
Coordenadores	6 (13.3)	8 (17.8)	5 (11.1)	8 (20)	9 (20)	38 (16)

Assim, os agricultores experientes eram relativamente menos numerosos. As pisciculturas dos agricultores experientes podem ser seleccionadas como Escolas de Campo de Agricultores, e estes podem transmitir a sua experiência prática a outros agricultores, uma vez que a experiência é um fator determinante do rendimento na piscicultura, de acordo com Oluwemimo e Damilola (2013). Os experientes devem receber incentivos e as suas histórias de sucesso devem ser publicadas em revistas relacionadas com a pesca para que sejam motivados a adotar práticas melhoradas. O rácio entre o agente de extensão e o piscicultor é reduzido, pelo que os agricultores experientes podem atuar como pessoas de recurso a quem os outros agricultores se podem dirigir para esclarecer dúvidas relacionadas com a aquacultura.

Um total de 77% estava a fazer policultura por ser menos dispendiosa, tal como afirmado por Ahmed *et al.* (2010) no Bangladesh. Apenas 20 por cento estavam a fazer monocultura e 3 por cento estavam a fazer ambas. As variedades autóctones e exóticas devem receber igual ênfase na cultura, porque o uso indiscriminado de espécies exóticas pode levar à extinção das autóctones. Assim, os agricultores devem ser motivados a selecionar espécies indígenas que possam obter bons preços de mercado.

Um total de 50 por cento não empregava trabalhadores e apenas 8 por cento empregava o máximo de trabalhadores, o que mostrava a falta de cultura intensiva. Os que tinham uma grande área de tanque empregavam 4 a 5 trabalhadores, o que aumentava o seu rendimento (Boserup, 1993). O trabalho coletivo pode tornar a gestão do tanque mais fácil e pode facilitar as actividades como o povoamento e a colheita. Os proprietários de grandes tanques devem ser aconselhados a incorporar trabalhadores de comunidades agrícolas pobres, que lhes darão experiência em aquacultura e fonte de emprego. Estes trabalhadores actuarão como motivadores, espalhando os benefícios das práticas culturais feitas pelos proprietários dos tanques.

Um total de 56% utilizou e vendeu a sua produção simultaneamente, pelo que restringiram a necessidade de informação sobre comercialização, tal como declarado por Molnar e Hanson (1996). Os restantes piscicultores venderam a sua produção na totalidade. Os piscicultores devem ser encorajados a vender a sua produção em mercados próximos, uma vez que a produção fresca pode obter melhores preços de mercado. O pessoal do DoF, os especialistas em aquacultura e o BTM podem espalhar de boca em boca que o peixe fresco e outras espécies estarão economicamente disponíveis, através do que a venda pode ser aumentada.

Através de cartazes colocados perto dos seus lagos/casas, 39% comercializaram os seus produtos, enquanto 38% o fizeram através do boca-a-boca, 6% publicitaram o seu projeto em reuniões sociais como festivais e 16% foram ajudados por coordenadores. Os agricultores que não têm conhecimento das fontes de comercialização podem ser instruídos sobre os métodos utilizados por outros, como cartazes, anúncios e ajuda dos coordenadores, uma vez que o desenvolvimento de infra-estruturas de comercialização para os produtos e factores de produção da aquicultura é crucial (Molnar *et al.*, 1996). Cerca de 39% dos aquacultores vendem a sua colheita através da informação boca a boca e, se adoptarem técnicas de comercialização, isso pode aumentar o seu rendimento.

O capital inicial para iniciar a aquacultura foi superior a Rs.20.000 para todos os agricultores e eles estavam a aprender práticas de agricultores progressistas. Embora o custo inicial seja elevado, o que impede os pequenos agricultores de participarem na aquacultura, tal como divulgado por (Middendorp e Verreth, 1986), pode ser obtido através de diferentes programas do DoF do estado, através dos quais poderão obter insumos a preços subsidiados. Todos os agricultores opinaram estar a aprender novas práticas culturais com os agricultores progressistas. O tanque do agricultor progressista pode ser selecionado como tanque de demonstração e as escolas de piscicultura em cada distrito, para a realização de visitas de exposição, dias de campo e formação. Os agricultores progressistas devem ser recompensados com incentivos e as suas histórias de sucesso devem ser publicadas em revistas para a organização de demonstrações e escolas de piscicultura.

Todos os piscicultores da área de estudo tinham conhecimento dos meios de comunicação social para obter informações relacionadas com a pesca em jornais, revistas, rádio e televisão. A exposição dos agricultores aos meios de comunicação social relacionados com a pesca é avaliada em diferentes níveis de frequência como nunca, ocasionalmente, bimestralmente, semanalmente e diariamente, utilizando a análise de pontuação ponderada, e classificada, na Tabela 4.

Quadro 4: Exposição dos piscicultores aos meios de comunicação social relacionados com a pesca (n=225)

Media	Nunca (n=225)	Ocasionalmente (n=225)	Bimestral (n=225)	Semanal (n=225)	Diariamente (n=225)	Pontuação total	*MME Classificação	
Jornal	6 (2.7)	40 (17.8)	0 (0)	0 (0)	179 (79.6)	756	Elevado	1
TV	37 (16.4)	163 (72.4)	21 (9.3)	4 (1.8)	0 (0)	217	Baixa	2
Rádio	101 (44.9)	68 (30.2)	24 (10.7)	30 (13.3)	2 (0.9)	214	Baixa	3
Revista	158 (70.2)	46 (20.4)	5 (2.2)	8 (3.6)	8 (3.6)	112	Baixa	4

(As percentagens correspondentes são indicadas entre parêntesis) *MME- Exposição aos meios de comunicação social, intervalo de pontuação=112 a 327- Baixa; 327 a 542- Média e 542 a 757- Alta

A pontuação da exposição aos meios de comunicação social relacionados com a pesca através do jornal (756) foi a mais elevada, uma vez que todos os agricultores lêem jornais diariamente. A segunda pontuação mais elevada (217) foi obtida para os programas relacionados com a pesca vistos na televisão, uma vez que a televisão estava presente em todas as casas e devido ao seu interesse em ver programas audiovisuais. A pontuação mais baixa (112) foi obtida para a leitura de revistas relacionadas com a pesca. Como os agricultores lêem jornais todos os dias, a BTM deve chamar a atenção dos agricultores para as informações relacionadas com a pesca publicadas nos jornais, uma vez que pode transmitir as informações mais recentes aos agricultores alfabetizados (Rehman *et al.* 2011; Flor, 2002). Os meios de comunicação impressos podem ajudar os agricultores analfabetos que têm filhos e vizinhos alfabetizados (Jennings e Packham, 2001). O DoF deve popularizar as revistas que publicam informações relacionadas com a pesca entre os piscicultores (Hameed, 2009 e Rehman *et al.*, 2011), distribuindo-as gratuitamente ou a preço reduzido. Os agricultores devem ser sensibilizados para programas como práticas de cultura e interação agricultor-cientista através de programas telefónicos, através de agentes de extensão e BTM, que serão transmitidos em meios de difusão como a rádio, que exige menos esforço intelectual do que as mensagens dos meios de comunicação impressos (Folarin, 1990) e tem consequências imediatas para os agricultores, como observado por Kuponiyi (2000). As estações de rádio comunitárias devem ser incentivadas em todos os distritos, como recomendado por Ango *et al.* (2013). Como todos os agricultores são alfabetizados, eles entenderão a importância de assistir a programas relacionados à aquicultura na TV (Rogers, 1965) e isso deve ser levado à atenção do BTM e do agente de extensão. Como as pessoas têm tendência a lembrar-se de 50% do que ouvem e dizem, a televisão deve ser utilizada como um método de extensão para disseminar informações sobre aquacultura e esquemas de beneficiários.

A perceção dos piscicultores sobre o seu contacto com pessoas de recurso é expressa como um índice, nomeadamente, "Índice de contacto com pessoas de recurso" no Quadro 5. Todos os piscicultores tinham conhecimento de pessoas de recurso a quem se dirigiam em caso de necessidade. A pontuação do índice para SHGs foi a mais alta com 4.4 (73%) e a mais baixa para ONGs com 1.4 (24%). A pontuação global do índice relativo a 11 pessoas-recurso foi a mais elevada em Alappuzha, com 39,5 (60%), e a mais baixa em Ernakulam, com 33,2 (50%). Dado que é necessário muito trabalho de extensão para melhorar a aquicultura (Khan *et al.*, 1998), as pessoas-recurso podem ter acesso a recursos, no caso dos agricultores pobres que têm menos capital, bens e apoio institucional, tal como inspeccionado por Hoang *et al.* (2006). Como as mulheres são pró-activas, as activas devem ser motivadas a formar SHGs para a cultura de mexilhões, cultura de peixes ornamentais, conserto e reparação de redes, adição de valor como decapagem, pratos prontos para comer como costeletas, dedos de peixe e bolas de peixe que irão complementar o rendimento familiar e melhorar a competência como opinou Kripa (2008) em Kerala. Os SHGs podem utilizar o programa de ligação bancária NABARD SHG iniciado pelo Governo para beneficiar de assistência de microcrédito para iniciar actividades domésticas de pequena escala, que requerem comparativamente menos dinheiro inicial.

Uma vez que os fundos dos agricultores só podem ser transferidos para grupos de agricultores em ATMA, é aconselhável formar grupos de mulheres para fazer face às despesas de funcionamento do projeto. As tecnologias desenvolvidas pelos cientistas devem estar de acordo com o local e as necessidades dos agricultores, minimizando o efeito de alavanca, aumentando a produção e o rendimento. As necessidades e os problemas dos agricultores podem ser identificados através da familiarização com o SREP e o BAP. O feedback do desempenho das tecnologias alargadas aos agricultores deve ser procurado através dos agentes de extensão para qualquer melhoria. O contacto dos agricultores com pessoas-recurso foi expresso como 'Índice de contacto do agricultor com pessoas-recurso' e apresentado no Quadro 5.

Quadro 5: Índice de contacto do agricultor com a pessoa de recurso (n=225)

Recursos pessoas	Kollam (Π_1=45)	Alappuzha (Π_2=45)	Kottayam (Π_3=45)	Ernakulam (Π_4=45)	Thrissur (Π_5=45)	Média (n=225)	Classificação
SHGs (em 6)	4.3 (71.5)	4.5 (75.6)	4.5 (75.6)	4.2 (70.7)	4.4 (73.3)	4.4 (73.3)	1
Especialistas (em 6)	3.5 (58.9)	5.3 (88.5)	5.2 (85.9)	3.2 (53.7)	4.6 (76.3)	4.4 (72.7)	2
Fornecedores de inputs (em 6)	3.5 (58.2)	4.1 (68.5)	4.2 (70.7)	3.7 (62.2)	4.8 (80.7)	4.1 (68.1)	3
Panchayath (de 6)	3.8 (63)	4.1 (68.9)	3.9 (66.3)	4 (67.4)	3.8 (63.7)	3.9 (65.9)	4
VEW (em 6)	4.2 (69.2)	4.2 (70)	4 (67)	3.9 (65.9)	2.9 (48.9)	3.9 (64.2)	5
Banqueiros (em 6)	4.1 (68.9)	3.7 (61.5)	3.7 (61.5)	3.7 (62.2)	2.9 (49.6)	3.6 (60.7)	6
BDO (em 6)	2.6 (44.1)	3.7 (61.5)	3.2 (52.6)	2.4 (39.3)	2.9 (47.8)	2.9 (49)	7
Agentes de marketing (em 6)	2 (33.3)	2.7 (45.2)	3.2 (53.3)	2 (34.1)	4.4 (72.6)	2.9 (47.7)	8
KVK profissionais (em 6)	2.7 (44.4)	2.9 (48.9)	3.2 (52.9)	2.3 (38.1)	2.8 (47)	2.8 (46.3)	9
Cooperativas (em 6)	2.1 (34.8)	2.9 (49.6)	2.9 (47.8)	1.8 (29.6)	2.9 (48.5)	2.5 (42.1)	10
ONG (em 6)	1.2 (20.7)	1.2 (20.7)	0.98 (16.3)	1.8 (30.4)	1.9 (31.5)	1.4 (23.9)	11
Pontuação global do índice (em 66)	34 (51.6)	39.5 (60)	39 (59.1)	33.2 (50.3)	38.4 (58.2)	36.7 (55.6)	12

(As percentagens correspondentes são indicadas entre parêntesis)

Todos os piscicultores tinham conhecimento de pessoas com recursos a quem se dirigiam em momentos de necessidade. O índice de pontuação para SHGs foi o mais alto com 4.4 (73%) e o mais baixo para ONGs com 1.4 (24%). A pontuação global do índice relativo a 11 pessoas-recurso foi a mais elevada em Alappuzha, com 39,5 (60%), e a mais baixa em Ernakulam, com 33,2 (50%). Uma vez que é necessário muito trabalho de extensão para melhorar a aquacultura (Khan *et al.*, 1998), as pessoas-recurso podem ter acesso a recursos, no caso dos piscicultores pobres que têm menos capital, bens e apoio institucional, tal como inspeccionado por Hoang *et al.* (2006). A perceção do pessoal do DoF sobre o contacto dos aquicultores com os técnicos de recursos é expressa como 'Índice de contacto com técnicos de recursos' e apresentada no Quadro 6.

Tabela 6: Índice de contactos de pessoas de recurso segundo o pessoal do DoF (n=165)

Pessoas de recurso	Kollam $(n_1=33)$	Alappuzha $(n_2=33)$	Kottayam $(n_3=33)$	Ernakulam $(n_4=33)$	Thrissur $(n_5=33)$	Média (n=165)
Especialistas (em 6)	4.5 (75)	3.9 (65)	4.4 (73.3)	4.8 (80)	4 (66.7)	4.3 (71.7)
VEW (em 6)	4.7 (78.3)	4 (66.7)	3.9 (65)	4.6 (76.7)	3.9 (65)	4.2 (70)
ONG (em 6)	5.6 (93.3)	5 (83.3)	3.3 (55)	4.3 (71.7)	3 (50)	4.1 (68.3)
BDO (em 6)	4 (66.7)	3.5 (58.3)	4.3 (71.7)	4.4 (73.3)	3.8 (63.3)	4 (66.7)
SHGs (em 6)	3.7 (61.7)	4.5 (75)	3.8 (63.3)	3.7 (61.7)	4.2 (70)	3.9 (65)
Agentes de marketing (em 6)	3.4 (56.7)	4.5 (75)	3.7 (61.7)	3.8 (63.3)	3.8 (63.3)	3.8 (63.3)
Fornecedores de inputs (em 6)	3.5 (58.3)	3.7 (61.7)	3.8 (63.3)	4.1 (68.3)	3.4 (56.7)	3.7 (61.7)
Profissionais da KVK (em 6)	4.1 (68.3)	3.8 (63.3)	3.7 (61.7)	3.5 (58.3)	3.5 (58.3)	3.6 (60)
Cooperativas (em 6)	3.2 (53.3)	4.1 (68.3)	3.9 (65)	3.4 (56.7)	3.5 (58.3)	3.5 (58.3)
Panchayath (em 6)	3.2 (53.3)	3.4 (56.7)	3.6 (60)	3.1 (51.7)	3.8 (63.3)	3.4 (56.7)
Banqueiros (em 6)	3 (50)	3.2 (53.3)	3.7 (61.7)	3.5 (58.3)	3.1 (51.7)	3.3 (55)
Índice global pontuação (em 66)	42.9 (65)	44.3 (67.1)	42.6 (64.5)	43.8 (66.4)	40.1 (60.8)	42.6 (64.5)

(As percentagens correspondentes são indicadas entre parêntesis)

A pontuação do índice para especialistas de estações e institutos de investigação foi a mais elevada, com uma pontuação de 4,3 (72%), e a pontuação mais baixa foi a dos banqueiros, com uma pontuação de 3,3 (64%). A pontuação global do índice para 11 pessoas-recurso foi a mais elevada no distrito de Alappuzha, com uma pontuação de 44,3 (67%), e a mais baixa em Thrissur, com uma pontuação de 40,1 (61%). O índice foi o mais elevado em Alappuzha, porque o pessoal do DoF estava ativo na divulgação e promoção de iniciativas de aquacultura entre os agricultores. Além disso, o Diretor Adjunto das Pescas era licenciado em Ciências das Pescas, o que permitiu integrar as actividades aquícolas junto dos funcionários da ATMA. O índice era o mais baixo em Thrissur, porque este distrito favorecia as actividades agrícolas em relação à aquicultura. O índice relativo aos agentes de comercialização e aos fornecedores de factores de produção foi de 3,8 e 3,7, respetivamente. O quadro 7 apresenta as correlações tau de Kendall para o índice de contacto dos agricultores com os recursos humanos, segundo a perceção dos agricultores e do pessoal do DoF.

Quadro 7: Correlações tau de Kendall para o índice de contacto dos agricultores com as pessoas de recurso

Estatísticas de teste

Kendall's W[a]	.028
Qui-quadrado	.333
Assymp. Sig. (2 caudas)	.564

a. Coeficiente de concordância de Kendall

Como o valor de p foi superior a 0,05 através do coeficiente de concordância de Kendall, não houve diferença significativa nas pontuações do índice observadas pelos agricultores e pelo pessoal do DoF. Este facto indica que existia uma relação adequada entre os agricultores e as pessoas-recurso. A regularidade da divulgação de informação agrícola através de aqua show, publicidade, exposição, folhetos e partilha de pacotes tecnológicos através da Internet foi avaliada através da classificação de Garrette e apresentada no Quadro 8.

Quadro 8: Pontuação média de Garrette para avaliar a regularidade da "atividade de divulgação de informações agrícolas".

Atividade	Kollam (n_1=45)	Alappuzha (n_2=45)	Kottayam (n_3=45)	Ernakulam (n_4=45)	Thrissur (n_5=45)	Total (n=225)	Classificação
Espetáculo aquático	210.19	207.96	205.56	207.78	207.59	41.56	1
Publicidade	205.00	207.41	207.04	204.44	207.22	41.24	2
Exposição	206.29	207.78	204.63	207.22	205.00	41.23	3

| Folheto | 208.33 | 206.85 | 206.48 | 201.11 | 203.52 | 41.05 | 4 |
| Internet | 196.67 | 202.59 | 199.26 | 199.44 | 195.19 | 39.73 | 5 |

As exposições aquáticas foram organizadas uma vez por ano (posição 1), mas a divulgação através de folhetos e de TI não foi regular (posições 5 e 6, respetivamente). A frequência da realização de exposições aquáticas poderia ser aumentada, uma vez que poderia reunir agricultores de vários locais e estes poderiam ser motivados através da distribuição de prémios para a melhor colheita, os melhores produtos de valor acrescentado e a melhor novidade nas operações agrícolas, como referido por Anderson (2003). A publicidade deve ser feita localmente para promover as explorações aquícolas (Oladeji, 2011) em festivais e encontros sociais para criar consciencialização, como referido por Heong e Hardy (2009). Devem ser organizadas exposições para divulgar informações científicas (Sandhu e Dhillon, 2005) e para distribuir insumos como kits de sementes em associação com universidades, cientistas, agências públicas e privadas e ONGs, como opinou Shanmugasundaram (2004). O DoF deveria produzir mais folhetos, uma vez que Heong *et al.* (1998) observaram que a fonte mais frequentemente citada pelos agricultores era um folheto, uma vez que podia fornecer informações sobre a inovação e as suas consequências. Devem ser concedidos subsídios para a criação de centros comunitários de Internet, uma vez que Cecchini e Scott (2003) descobriram que muito poucos agricultores na Índia possuíam computadores com acesso à Internet. O acesso à informação através da Internet poderia levar à emancipação das mulheres, como constatado nos países em desenvolvimento por Haffkin e Taggart (2001). A satisfação com a divulgação de informações agrícolas através do Aqua Show, folheto, anúncio, exposição e Internet foi avaliada através da classificação de Garrette no Quadro 9.

Quadro 9: Pontuação média de Garrette para avaliar a satisfação da "atividade de divulgação de informações agrícolas

Atividade	Kollam (∏l=45)	Alappuzha (n2=45)	Kottayam (n3=45)	Ernakulam (n4=45)	Thrissur (n5=45)	Total (n=225)	Classificação
Espetáculo aquático	210.93	211.67	208.33	212.22	211.67	42.19	1
Folheto	210.19	208.33	209.63	209.26	208.89	41.85	2
Publicidade	211.67	209.44	213.52	203.15	206.48	41.77	3
Exposição	208.33	212.22	209.26	210	209.26	41.96	4
Internet	200	198.7	197.96	198.89	194.63	39.61	5

As exposições aquáticas obtiveram a satisfação mais elevada (classificação 1), pois os agricultores consideravam-nas regulares, e a satisfação através da Internet foi a menos elevada (classificação 6), pois os agricultores não pareciam ter conhecimentos de Internet. Uma vez que as exposições não eram tão regulares (classificação 3), a satisfação dos agricultores era menor (classificação 4). A regularidade média e a satisfação média obtidas através das exposições aquáticas foram classificadas em primeiro lugar e, portanto, a eficiência da atividade de disseminação de informação agrícola através das exposições aquáticas foi a melhor, segundo os agricultores. A regularidade média e a satisfação média obtidas através da partilha de pacotes tecnológicos através da Internet ficaram em último lugar (6.º lugar) e, portanto, a eficiência através da Internet foi a menor. Através das exposições e do julgamento nas exposições aquáticas, pode ser suscitada uma espécie de competição entre os agricultores participantes, o que os motivaria a esforçarem-se por melhorar as operações agrícolas, conduzindo a melhores produtos e rendimentos.

É importante que os agricultores sejam informados atempadamente sobre as várias actividades orientadas para os agricultores conduzidas pela ATMA e, por conseguinte, as diferentes fontes através das quais os agricultores tomariam conhecimento do esquema e dos programas da ATMA foram apuradas através de uma análise percentual. A Figura 1 apresenta as várias fontes, como o agente de extensão, o vizinho, o amigo, o assistente social, o coordenador e outros agricultores, através das quais os agricultores tomaram conhecimento do apoio do ATMA.

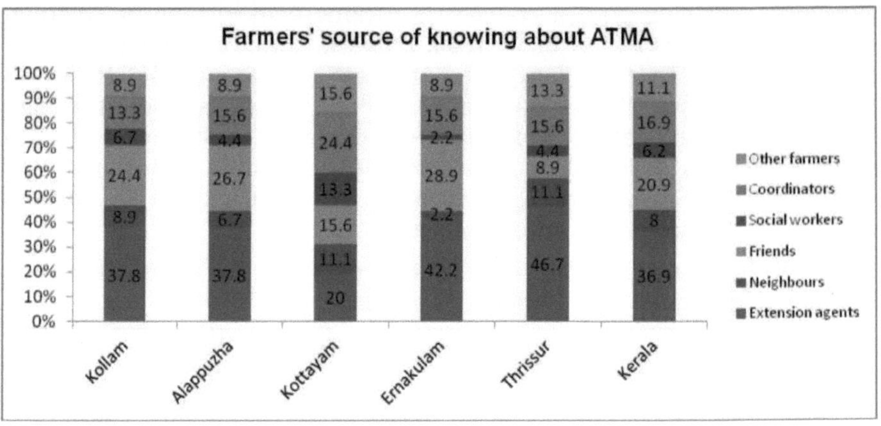

Fig 1: Fonte de conhecimento dos agricultores sobre o ATMA (n=225)

A maioria (36,9%) dependia dos agentes de extensão para saber sobre o apoio da ATMA, enquanto apenas 11% dos outros agricultores os informavam sobre as actividades de apoio da ATMA que poderiam ser aproveitadas. O alcance dos agentes de extensão aquícola entre os piscicultores era questionável, uma vez que o rácio agente de extensão/ piscicultor era menor. Cerca de 36% dos aquacultores tentaram contactar os agentes de extensão para obter informação, que não estavam facilmente disponíveis. Como o acesso à informação está positivamente relacionado com o comportamento de adoção dos agricultores, como opinou Yirga (2007), os agricultores devem ter acesso à informação através dos vizinhos, amigos, assistentes sociais, BTMs e coordenadores (Korsching e Hoban, 1990). Quando ouvem falar de informações importantes, podem dirigir-se ao funcionário do DoF/ATMA para obter mais informações.

A pontuação da sensibilização dos piscicultores para diferentes actividades orientadas para os agricultores pela ATMA, como formação, disseminação de tecnologia em parcelas de demonstração, visita de exposição, grupo de interesse dos agricultores, interação agricultor-cientista, instituição de formação, escola agrícola, agriclinic, recompensa e SREP foi realizada utilizando o método de pontuação ponderada que é apresentado na Tabela 10.

Quadro 10: Actividades importantes orientadas para o agricultor que beneficiam os agricultores individuais

*FOA	Kollam	Alappuzha	Kottayam	Ernakulam	Thrissur	Total	Pontuação	**Consciência
*A	45 (100)	45 (100)	45 (100)	45 (100)	45 (100)	225 (100)	225	H
*B	36 (80)	37 (82.2)	45 (100)	40 (88.9)	39 (86.7)	197 (87.6)	197	H
*C	28 (62.2)	28 (62.2)	45 (100)	27 (60)	39 (86.7)	167 (74.2)	167	M
*D	21 (46.7)	21 (46.7)	45 (100)	27 (60)	40 (88.9)	154 (68.4)	154	M
*E	10 (22.2)	10 (22.2)	45 (100)	45 (100)	40 (88.9)	150 (66.7)	150	M
*F	6 (13.3)	6 (13.3)	45 (100)	45 (100)	42 (93.3)	144 (64)	144	M
*G	3 (6.7)	5 (11.1)	11 (24.4)	35 (77.8)	40 (88.9)	94 (41.8)	94	L
*H	4 (8.9)	4 (8.9)	6 (13.3)	40 (88.9)	31 (68.9)	85 (37.8)	85	L
*I	1 (2.2)	0 (0)	0 (0)	3 (6.7)	2 (4.4)	6 (2.7)	6	VL
*J	0 (0)	0 (0)	0 (0)	1 (2.2)	4 (8.9)	5 (2.2)	5	VL

(As percentagens correspondentes são indicadas entre parêntesis) * FOA- Actividades orientadas para os agricultores, *A-Formação, B- Difusão de tecnologia de agricultor para agricultor em parcelas de demonstração, C- Visita de exposição, D- Grupo de interesse dos agricultores, E- Interação agricultor-cientista, F- Instituição de formação a nível distrital, G- Escola agrícola, H- Clínicas agrícolas, I- São atribuídos prémios ao melhor agricultor a nível estatal e J- Plano estratégico de extensão da investigação (SREP), ** Sensibilização- Sensibilização para as FOA (com base na gama de pontuação: 5-60- Sensibilização muito baixa (VL), 60-115- Sensibilização baixa (L), 115-170- Sensibilização média (M), 170-225- Sensibilização elevada (H).

Todos os agricultores tinham conhecimento das acções de formação que lhes eram organizadas, mas eram os que menos conheciam o SREP e os prémios atribuídos ao melhor agricultor a nível estatal. A motivação extrínseca, sob a forma de recompensas e incentivos, deve ser concedida aos agricultores, para que estes se esforcem por obter mais rendimentos, a fim de obterem essas recompensas, como afirmam Tilman *et al.* (2002). Embora existam disposições no âmbito de actividades inovadoras no ATMA, tais como a atribuição de prémios ao distrito com melhor desempenho no ATMA, ao grupo mais bem organizado que realiza actividades de pesca e ao melhor agricultor a nível de bloco, tal não é atualmente praticado, e se tal prémio puder ser atribuído a agricultores merecedores, pode servir de fator de motivação para outros agricultores. As mudanças obtidas com o ATMA pelos agricultores em todos os distritos são avaliadas usando o método de pontuação ponderada, que é apresentado na Tabela 11.

Quadro 11 : Mudanças percebidas pelos agricultores com o ATMA (n=225)

Alterações efectuadas	Discordo totalmente (n=225)	Discordar (n=225)	Concordo (n=225)	Concordo totalmente (n=225)	Pontuação total	Classificação	*Alterações obtidas (com base no intervalo de pontuação)
Conhecimentos sobre as BMP	3 (1.3)	1 (0.4)	99 (44)	122 (54.2)	790	1	Elevado
Desenvolvimento de competências	5 (2.2)	2 (0.89)	122 (54.2)	96 (42.7)	759	2	Elevado
Conhecimentos sobre práticas agrícolas melhoradas	7 (3.1)	8 (3.6)	111 (49.3)	99 (44)	752	3	Elevado
Apoio com base nas necessidades agrícolas	15 (6.7)	7 (3.1)	112 (49.8)	91 (40.4)	729	4	Elevado
Aumento do	19	4	144	58	691	5	Médio

rendimento	(8.4)	(1.8)	(64)	(25.8)			
Aumento apoio financeiro	32 (14.2)	13 (6.7)	117 (52)	61 (27.1)	653	6	Médio
Apoio ao marketing	98 (43.6)	75 (33.3)	33 (14.7)	19 (8.4)	423	7	Muito baixo

(As percentagens são indicadas entre parêntesis)

* Intervalo de pontuação: 423-515- Muito baixo, 516-608- Baixo, 608-700- Médio, 700-792- Alto.

A principal mudança percepcionada pelos agricultores através do ATMA foi o conhecimento das melhores práticas de gestão, o desenvolvimento de competências e o conhecimento de práticas agrícolas melhoradas. Os agricultores esperavam que os funcionários dessem mais apoio à comercialização, que foi o menos importante (7.º lugar). O conhecimento adequado das melhores práticas de gestão (BMP) pode levar a um melhor rendimento e a um aumento das receitas. A ATMA deve organizar programas de formação sobre BMPs em associação com cada DoF distrital, liderados por um especialista em aquacultura. Uma vez que o conhecimento sobre as BMP pode ser aumentado através da disseminação de informação, como afirmam Rahelizatovo e Gillespie (2004), deve ser promovida a disseminação através da exposição de folhetos e da Internet. O State Agricultural Management and Extension Training Institute (SAMETI), o ATMA e o State DoF devem organizar programas de sensibilização para os agricultores sobre actividades de desenvolvimento de competências, como a medição dos parâmetros de qualidade da água e do solo, a criação de animais, o fabrico de rações, o fabrico e a reparação de redes, uma vez que o desenvolvimento de competências e a formação podem aumentar a compreensão da investigação formal entre os agricultores, como afirmam Martin e Sherington (1997). Os programas de formação devem ser organizados pela ATMA, em coordenação com o DoF do Estado, para SHGs e grupos de piscicultores de mulheres e homens, com vista ao fabrico de produtos de peixe de valor acrescentado, como os "fish fingers", os hambúrgueres de peixe e os pickles de peixe. A concentração no desenvolvimento de competências inerentes aos agricultores aumentará a confiança e melhorará os rendimentos. A aplicação de práticas agrícolas melhoradas, como a administração de alimentos suplementares numa proporção especificada, práticas de policultura utilizando espécies compatíveis numa proporção especificada por especialistas em aquacultura e a utilização de variedades de culturas geneticamente modificadas que afirmam uma elevada taxa de crescimento podem levar a uma melhor produção e rendimento, como mencionado por Yu et al. (2011) na China. Assim, os agentes de extensão, coordenadores e BTMs devem concentrar-se em alargar as práticas agrícolas melhoradas aos piscicultores com base nas diferentes características dos tanques, como o tamanho do tanque, o tipo de cultura, as espécies de peixes cultivadas e a sustentabilidade financeira. Como a adoção de práticas agrícolas melhoradas depende dos métodos de contacto individuais, de grupo e dos meios de comunicação de massa através dos agentes de extensão, como mencionado por Mgbada (2006), todos esses métodos devem ser seguidos. Um total de 16% dos agricultores opinou que a ATMA não forneceu apoio suficiente para a comercialização, o que pode ser devido ao facto de as mulheres e os agricultores que se dedicam à piscicultura ornamental em pequena escala em lagos e tanques de vidro terem relatado que a ATMA não contribuiu para aumentar o rendimento. Esta perceção pode ser alterada através do envolvimento destas pessoas na mobilização e organização de grupos de piscicultores, através dos quais podem ser identificados canais de comercialização. Cerca de 30% dos piscicultores opinaram que o apoio financeiro não foi concedido aos piscicultores que necessitavam das necessidades básicas para iniciar a aquacultura, como terra, capital e insumos. Assim, deve ser feito um inquérito aos piscicultores pobres em recursos, através de métodos participativos, aquando da formulação do Plano de Ação de Bloco (BAP). O apoio financeiro será dado aos agricultores identificados, que o poderão utilizar para iniciar actividades de aquicultura que aumentarão o seu rendimento e a sua segurança alimentar. Programas de financiamento específicos para a tecnologia e esforços de microfinanciamento podem ser promovidos como revelou Fisher (2006). O apoio financeiro pode ser aumentado através da formação de mais grupos de aquacultores, uma vez que o Diretor Adjunto das Pescas só sanciona fundos para grupos de aquacultores. Assim, os pobres precisam de ser apoiados inicialmente pelo sector público, embora a aquacultura tenha de funcionar numa base de auto-financiamento no sector privado, como sugerido por Edwards (2000). Cerca de 16% dos agricultores não estavam a receber apoio à comercialização através da ATMA. Esses agricultores podem não conhecer os grupos de aquacultores através dos quais a comercialização pode ser facilitada. Assim, eles devem ser educados pelo BTM sobre os benefícios de se juntarem a esses grupos ou podem seguir estratégias de marketing usadas por outros agricultores, como anúncios, boca a boca através de coordenadores ou agentes de extensão, *etc.*, que podem facilitar as vendas. Hinrichs (2000) observou que os agricultores que recorreram à comercialização direta para continuarem a cultivar devem prestar muito mais atenção aos custos e aos preços. Brown (2002) acrescenta que os mercados de agricultores podem criar oportunidades de emprego secundário através do apoio à agricultura. Se os piscicultores receberem apoio adequado com base nas suas necessidades agrícolas, isso pode levar a um aumento da produção e do rendimento. Cerca de 20% dos agricultores não concordaram com o apoio da ATMA com base nas necessidades agrícolas, principalmente porque consideraram que os funcionários pareciam não saber ou não estar interessados em identificar as suas necessidades. Assim, os agricultores devem ser motivados a contactar as pessoas com recursos e esses agricultores visitantes devem ser identificados como potenciais piscicultores para participarem no programa de formação, demonstração e visita de exposição ATMA. Stoop *et al.* (2002) sugere que os sistemas de produção devem ser desenvolvidos, tendo em conta as restrições de produção específicas do local, com que os agricultores se deparam.

A pontuação ponderada foi feita na Tabela 12, para encontrar o nível de satisfação dos agricultores depois de participarem na formação da ATMA. Os agricultores ficaram muito satisfeitos (classificação 1) com as acções de formação organizadas pela ATMA. Apenas alguns não ficaram satisfeitos com as formações, possivelmente devido ao incómodo associado à participação nessas formações. Se as escolas de piscicultura puderem ser formadas em cada distrito, a visita de exposição a essas escolas em distritos vizinhos como parte do treinamento pode ser diminuída, e a percentagem de agricultores que sentem os treinamentos da ATMA como insatisfatórios pode ser minimizada.

Quadro 12: Nível de satisfação dos agricultores relativamente à formação organizada pela ATMA

	Kollam $(\Pi_1=45)$	Alappuzha $(\Pi_2=45)$	Kottayam $(\Pi_3=45)$	Ernakulam $(\Pi_4=45)$	Thrissur $(\Pi_5=45)$	Total $(n=225)$	Pontuação total	Classificação
Altamente Satisfatório	36 (80)	36 (80)	32 (71.1)	23 (51.1)	42 (93.3)	169 (75.1)	676	1
Satisfatório	7 (15.6)	6 (13.3)	12 (26.7)	8 (17.8)	3 (6.7)	36 (16)	108	2
Nada Satisfatório	2 (4.4)	2 (4.4)	1 (2.2)	14 (31.1)	0 (0)	19 (8.4)	19	3
Não Satisfatório	0 (0)	1 (2.2)	0 (0)	0 (0)	0 (0)	1 (0.4)	2	4

(As percentagens são indicadas entre parêntesis)

O nível de satisfação dos agricultores em relação ao grupo de mulheres, à organização de agricultores e à organização de produtos de base em todos os distritos é apresentado no Quadro 13. O grupo de mulheres, a organização dos agricultores e a organização dos produtos de base foram considerados altamente satisfatórios (grau 1) pelos agricultores em todos os distritos. O número de grupos de piscicultores formados foi relativamente menor. O pessoal do DoF deve identificar os proprietários de pisciculturas e mobilizá-los para formar grupos de piscicultores, uma vez que estes podem estabelecer ligações estreitas entre os agricultores e o Estado (Halpin, 2005; Roche *et al.*, 1992) e podem ajudar a aumentar a exposição dos membros a novas tecnologias (Carney, 1996). Os organizadores do grupo investirão em alguns benefícios que oferecerão aos seus membros quando estes aderirem ao grupo (Salisbury, 1969).

É necessário formar mais grupos de mulheres piscicultoras, reunindo mulheres proactivas através de esforços coordenados do DoF e do BTM, uma vez que esses grupos podem ajudá-las a gerar rendimentos (Feldman, 1983). Os grupos de mulheres devem ter prioridade na participação no programa de desenvolvimento de competências e nas visitas de exposição organizadas pela ATMA, uma vez que Saiko *et al.* (1994) argumenta que os grupos de mulheres prestam serviços de extensão rentáveis. O DoF deve assegurar que as actividades de extensão cheguem a esses grupos, através da contratação de agentes de extensão mulheres para os mesmos. Nas reuniões SAMETI organizadas para os BTMs, da agricultura, pecuária, pescas, horticultura e sericultura, o Diretor do Projeto deve orientar os BTMs, para identificarem as actividades de aquacultura em cada bloco, para identificarem os piscicultores com recursos e bem sucedidos e para mobilizarem estes agricultores em grupos de piscicultores, uma vez que os grupos só podem beneficiar dos fundos necessários para a aquacultura no âmbito do ATMA, através do Diretor Adjunto das Pescas em cada distrito.

Quadro 13: Nível de satisfação dos agricultores relativamente ao Grupo de Mulheres (GT), à Organização de Agricultores (OA) e à Organização de Produtos de Base (OC)

Nível de satisfação	Grupo de mulheres	Organização de Agricultores	Organização da Comunidade	Pontuação total			*Classificação
				Grupo de mulheres	Organização de Agricultores	Organização dos produtos de base	
Altamente Satisfatório	103 (45.8)	53 (23.6)	72 (32)	412	212	288	1
Satisfatório	75 (33.3)	76 (33.8)	65 (28.9)	225	228	195	2
Não Satisfatório	29 (12.9)	53 (23.6)	37 (16.4)	58	106	74	3
De modo algum Satisfatório	18 (8)	43 (19.1)	51 (22.7)	18	43	51	4

(As percentagens são indicadas entre parêntesis) *Rank- Classificação para WG, FO e CO com base na pontuação

A formação de OC dará mais oportunidades para a obtenção de benefícios financeiros e para a identificação de canais de comercialização. Os BTMs e os peritos em aquacultura devem organizar e coordenar os piscicultores na formação de OCs, de acordo com Swanson *et al.* (1996). As organizações de produtores podem ser formadas para peixes, camarões, *etc.*, para fabricar produtos de valor acrescentado como pickles e produtos prontos a comer. Se essas organizações forem formadas, cada produto será lançado no mercado com uma marca, em embalagens atractivas, o que aumentará a preferência dos consumidores por esses produtos, obtendo assim um preço de mercado mais elevado e aumentando o rendimento dos membros dessas organizações. O rendimento mensal das actividades aquícolas e agrícolas é expresso em percentagem na Figura 2.

A maioria dos agricultores (31,1%) obtinha rendimentos entre Rs.5.000 e Rs.10.000 por mês através de actividades agrícolas. A maioria dos piscicultores (44,4%) obteve rendimentos superiores a Rs.10.000 por mês através de práticas de aquacultura. Se os piscicultores se dedicarem a actividades agrícolas podem obter rendimentos adicionais (Haggblade, 1989) que podem ser investidos em aquacultura, o que pode aumentar ainda mais o seu rendimento mensal. Assim, os piscicultores devem ser aconselhados pelos funcionários da ATMA e pelos BTMs a fazer agricultura nas suas terras para além da aquacultura.

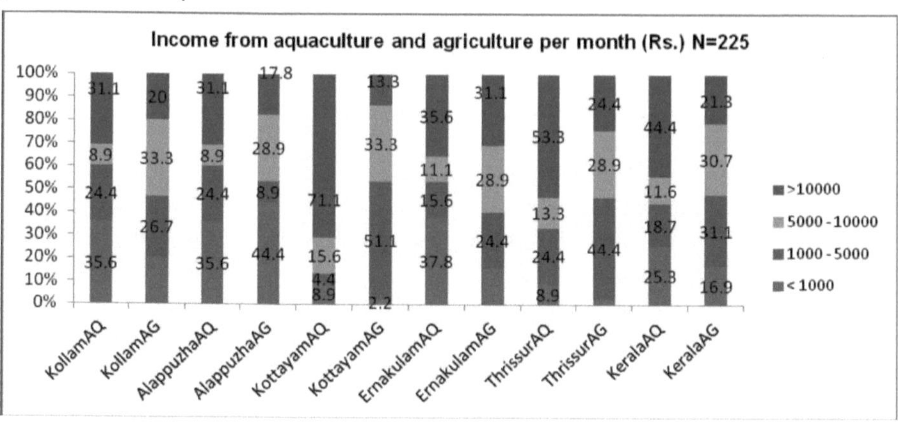

Figura 2: Rendimento da aquicultura e da agricultura por mês (em Rs.) AQ-Aquicultura, AG- Agricultura

A pedido de um agricultor interessado, os serviços de agricultura e afins recomendam as culturas que podem ser cultivadas, com base no tipo de solo e noutros factores. Os agricultores que têm mais área de tanque, experiência de cultivo, vários trabalhadores, cosmopolita e usam diferentes estratégias de marketing têm mais rendimentos. As despesas efectuadas por mês com as práticas de aquacultura e agricultura são apresentadas na Figura 3.

A maioria dos agricultores (48.9%) gastava entre Rs.1,000 e Rs.5,000 por mês em actividades agrícolas e a maioria dos agricultores (38.2%) gastava mais de Rs.10,000 por mês em aquacultura. A despesa foi relativamente menor, pois os piscicultores não estavam muito envolvidos em práticas agrícolas.

Devem ser feitas tentativas para aumentar as despesas relacionadas com a agricultura porque, uma vez aumentadas as despesas, os agricultores tentarão aumentar o rendimento. Pirie (1969) revela que as despesas com a agricultura têm vindo a aumentar, mas não nas mesmas proporções que outros sectores. Cerca de 12% dos piscicultores que não estão a vender os seus produtos devem ser motivados pela BTM a vender os seus produtos, embora em menor quantidade, para obterem rendimentos, de modo a que, quando se aperceberem dos benefícios, comecem a cultivar culturas agrícolas que, em última análise, apoiarão as despesas associadas à aquacultura.

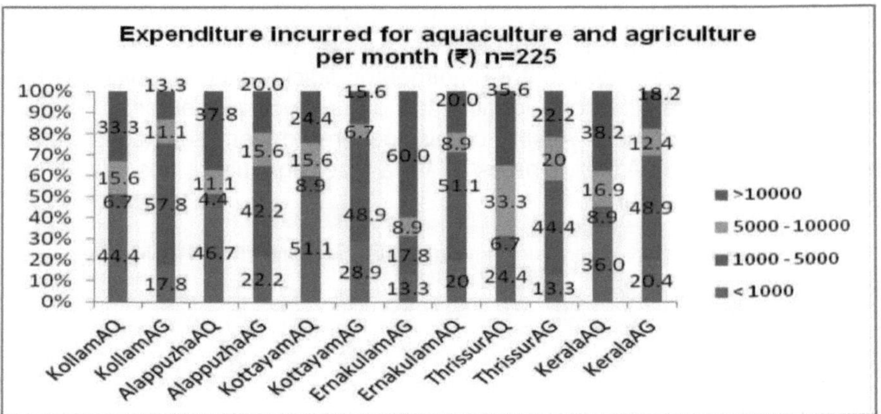

Figura 3: Despesas mensais efectuadas com a aquicultura e a agricultura (em Rs.) AQ-Aquicultura, AG- Agricultura

A Figura 4 apresenta as várias fontes, como o agente de extensão, o vizinho, o amigo, o assistente social, o coordenador e outros agricultores, através das quais os agricultores tomaram conhecimento do apoio da ATMA.

A maioria (36,9%) dependeu dos agentes de extensão para saber sobre o apoio da ATMA, enquanto apenas 11% dos outros agricultores os informaram sobre as actividades de apoio da ATMA que poderiam ser aproveitadas. O alcance dos agentes de extensão aquícola entre os agricultores é questionável, uma vez que o rácio agente de extensão para piscicultor foi menor.

Cerca de 36% dos piscicultores tentaram contactar os agentes de extensão para obter informação, que não estavam facilmente disponíveis. Assim, eles devem ter acesso à informação através de vizinhos, amigos, assistentes sociais, BTMs e coordenadores (Korsching e Hoban, 1990). Assim que souberem de informações importantes, podem dirigir-se ao DoF ou ao funcionário da ATMA para obter mais informações. O acesso à informação está positivamente relacionado com o comportamento de adoção dos agricultores (Yirga, 2007).

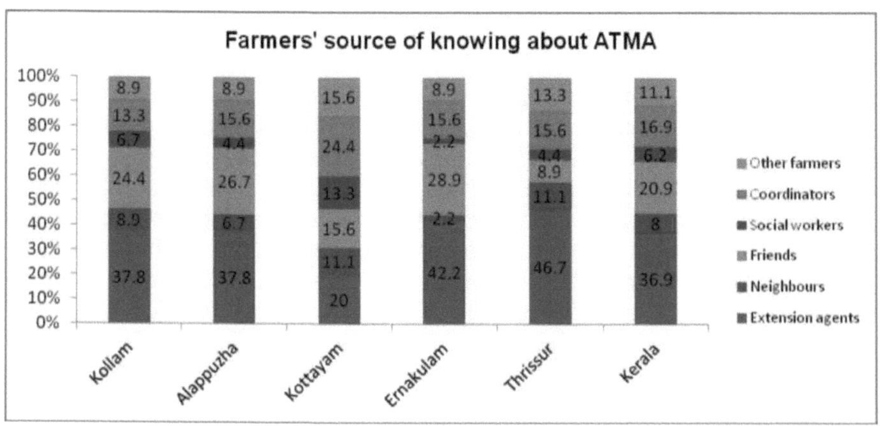

Figura 4: Fonte de conhecimento dos agricultores sobre o ATMA (n=225)

A Figura 5 apresenta a troca de informações sobre aquacultura que facilita a vida dos piscicultores. Os piscicultores obtiveram informações de fontes de informação relacionadas com os piscicultores (como agentes de extensão, coordenadores, outros piscicultores, vizinhos, amigos e assistentes sociais) e funcionários (como o pessoal do DoF, membros do ATMA GB e membros do ATMA MC). Devido à existência atual de fontes de informação e à sua disseminação, as várias mudanças obtidas pelos piscicultores são o conhecimento das Melhores Práticas de Gestão, o desenvolvimento de competências, o conhecimento de melhores práticas agrícolas, o apoio baseado nas necessidades agrícolas, o aumento do rendimento e o apoio à comercialização.

O SAMETI, que existe a nível estatal, oferece formação aos funcionários da ATMA e aos funcionários da extensão de nível intermédio, como o pessoal do DoF, sobre as diferentes actividades beneficiárias dos agricultores e sobre a cafetaria ATMA. Os funcionários da ATMA e do DoF, por sua vez, fornecem informações aos agricultores através de acções de sensibilização, demonstrações, visitas de exposição, recompensas e incentivos e interação entre agricultores e cientistas. Observa-se que o pessoal do DoF regista informações sobre aquacultura, tais como melhores práticas de cultura, densidade de povoamento, práticas de gestão de tanques e combate a surtos de doenças, de modo a utilizá-las em situações adequadas para benefício dos piscicultores. Diferentes factores de apoio aos piscicultores, como a utilidade dos meios de comunicação, a exposição aos meios de comunicação de massa, o contacto com pessoas que fornecem recursos e as actividades de disseminação de informação sobre a exploração, também funcionam como reservatórios de informação. Os agricultores utilizam diferentes meios de comunicação como os correios, o telemóvel, a rádio, a televisão, a Internet e o KCC. Utilizam diferentes meios de comunicação de massas para obter informações sobre a aquicultura, nomeadamente jornais, programas de aquicultura na televisão e na rádio e artigos relacionados com a aquicultura em revistas.

Abreviaturas utilizadas: KBMP- Conhecimentos sobre BMPs, SD- Desenvolvimento de competências, KIMPF- Conhecimentos sobre práticas agrícolas melhoradas, SBF- Apoio baseado nas necessidades agrícolas, IINC- Aumento do rendimento, IFS- Aumento do apoio financeiro, MS- Apoio à comercialização, SAMETI- Instituto de Formação em Gestão e Extensão Agrícola a nível estatal, ICP- Práticas culturais melhoradas, SDn- Densidade de povoamento, MP- Práticas de gestão de tanques, TDO- Combate ao surto de doenças, KCC- Kisan Call Centre, DoF- Department of Fisheries, Np- Newspaper, FRT- Fishery related programmes on TV, FRR- Fishery related programmes on Radio, FRM- Fishery related articles in magazines, VEW- Village Extension Worker, BDO- Block Development Officer, MA- Marketing Agent, KVK- Krishi Vigyan Kendra, NGO- Non Governmental Organisation, GO- Government Organisation, FO- Farmer Organisation

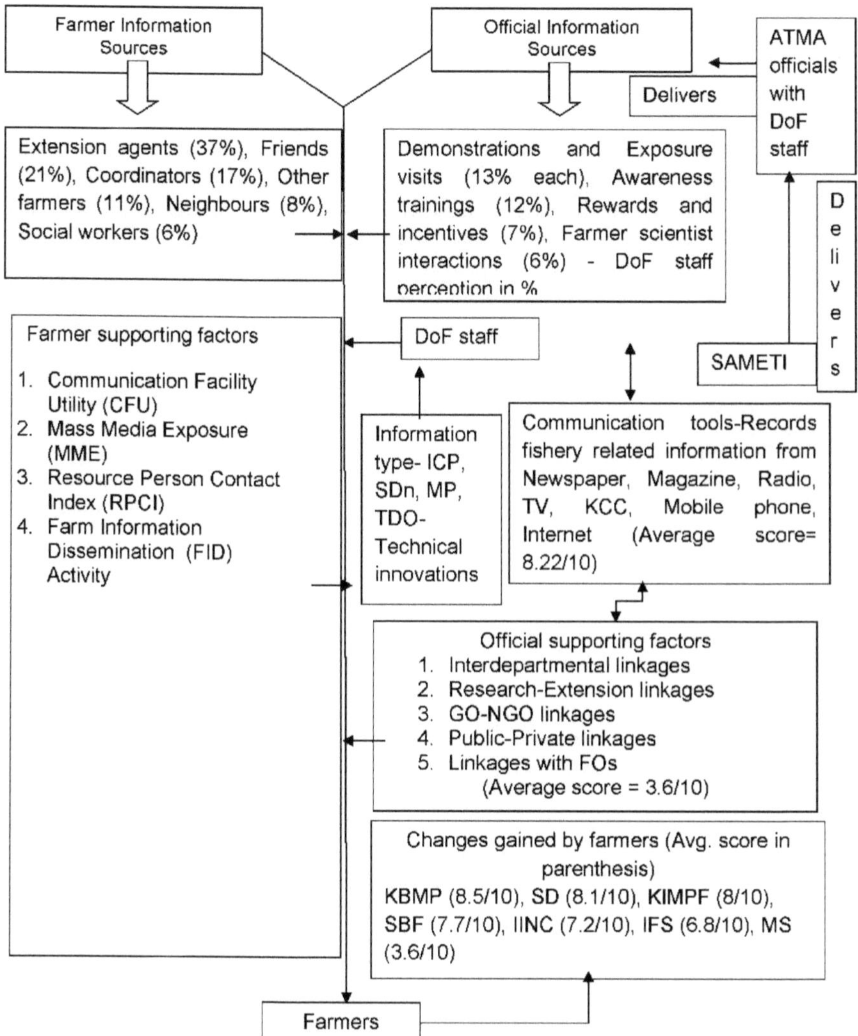

Figura 5: Intercâmbio de informações sobre aquacultura para facilitar os agricultores

Tentam entrar em contacto com pessoas que os ajudem nas actividades e questões relacionadas com a aquacultura, como VEW, fornecedores de insumos, especialistas de estações de investigação, SHG, agentes de marketing, banqueiros, membros de *Panchayath*, BDO, KVK, cooperativas e ONG. A fim de se familiarizarem com as mais recentes tecnologias agrícolas e informações conexas, participam em actividades de divulgação de informações agrícolas organizadas pelo pessoal do DoF e por funcionários da ATMA. Assim, participam em exposições realizadas a nível distrital, em exposições aquáticas e em pacotes informáticos que apresentam as mais recentes tecnologias agrícolas. Também tentam publicitar as informações relacionadas com a exploração agrícola através de cartazes colocados junto à sua exploração/casa, bem como através da divulgação das suas estratégias culturais em reuniões e festivais. Os factores oficiais de apoio como as ligações interdepartamentais, as ligações investigação-extensão, as ligações GO-NGO, as ligações público-privadas e as ligações com as FOs também aceleraram as actividades de disseminação de informação destinadas aos piscicultores. Os agricultores e os factores oficiais de apoio e as fontes de informação existem em estreita coordenação uns com os outros para a disseminação eficaz da informação agrícola na área de estudo.

A Figura 6 apresenta um quadro que elabora a estratégia de extensão utilizando o telemóvel e a Internet entre os agricultores da área de estudo.

Depois de estudar os diferentes meios de comunicação utilizados pelos agricultores, conclui-se que a maioria deles (89%) usa telemóveis e 29% usam a Internet. Um total de 73% dos funcionários do DoF registam informações como práticas de gestão (19%), melhores práticas culturais (16%), combate a surtos de doenças (13%) e densidade de gado (11%). Tendo em conta a utilização de telemóveis entre os agricultores e os funcionários, é proposta uma sugestão para um quadro de extensão móvel apoiado pela Internet na agricultura.

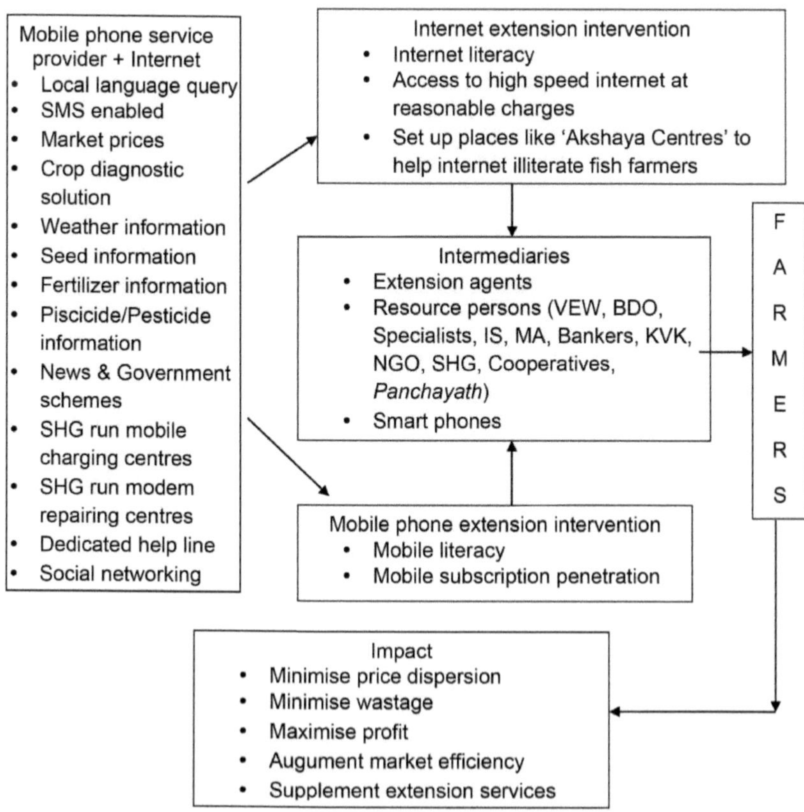

Figura 6: Enquadramento da extensão baseada em telemóvel entre os piscicultores

4. Sugestões políticas

1. Como as mulheres são pró-activas, as activas devem ser motivadas a formar SHGs para a cultura de mexilhões, cultura de peixes ornamentais, reparação de redes, adição de valor como a decapagem, pratos prontos a comer como costeletas, dedos de peixe e bolas de peixe que irão complementar o rendimento familiar e melhorar a competência.

2. Os SHGs podem utilizar o programa de ligação bancária NABARD SHG iniciado pelo Governo para beneficiar de assistência de microcrédito para iniciar actividades de herdade em pequena escala que requerem comparativamente menos dinheiro inicial.

3.   Uma vez que os fundos dos agricultores só podem ser transferidos para grupos de agricultores em ATMA, é aconselhável formar grupos de mulheres para fazer face às despesas de funcionamento do projeto.

4.   As tecnologias desenvolvidas pelos cientistas devem estar de acordo com o local e as necessidades do agricultor, minimizando o efeito de alavanca, aumentando a produção e o rendimento. As necessidades e os problemas dos agricultores podem ser identificados através da familiarização com o SREP e o BAP.

5.   Os agentes de extensão procurarão obter informações sobre o desempenho das tecnologias alargadas aos agricultores, a fim de as melhorar.

6.   A ATMA, em coordenação com o DoF do Estado, organizará melas onde se reunirão agricultores, fornecedores de factores de produção, especialistas e agentes de comercialização, para que possam estabelecer contacto com os recursos necessários.

7.   Os agricultores só terão conhecimento de vários programas beneficiários executados a nível de *Panchayath* depois de estabelecerem contactos e relações com os membros de *Panchayath*. No âmbito do sistema *Panchayath Raj*, o Gram *Panchayath* goza de maior autoridade administrativa, pelo que as necessidades e os problemas dos agricultores podem ser levados ao conhecimento do representante do Panchayath Distrital, que é o membro do Conselho Diretivo da ATMA.

8.   Os extensionistas das aldeias devem identificar os agricultores necessitados para fornecer os factores de produção necessários sob a forma de sementes, alimentos para animais, capital, *etc.*, a fim de erradicar a pobreza e a insegurança alimentar.

9.   O montante do empréstimo e o prazo de reembolso especificados pelos bancos de desenvolvimento devem ter em conta o risco suportável pelos piscicultores, uma vez que as práticas de aquacultura estão altamente sujeitas a riscos, como surtos de doenças, mortalidade em massa de

espécies cultivadas, *etc*. Só quando os bancos tendem a ser favoráveis aos agricultores, no que respeita à facilidade de acesso à obtenção de empréstimos bancários, a taxas de juro acessíveis, à flexibilidade de reembolso, *etc*., é que os agricultores se dirigem aos bancos para satisfazer as suas necessidades de crédito agrícola. Uma vez que a maioria dos pequenos agricultores necessita de pequenos empréstimos a curto prazo, os respectivos funcionários devem incentivar o programa de microcrédito.

10. Deve ser estabelecida uma ligação adequada entre os BDO e os serviços agrícolas e afins, a fim de assegurar o apoio aos agricultores através de serviços de aconselhamento, formação e apoio financeiro.

11. A KVK deve concentrar-se mais nos piscicultores para dar formação sobre piscicultura alimentar e ornamental, piscicultura integrada, melhores práticas de gestão, *etc*. Devem ser incentivados os ensaios de espécies aquícolas nas explorações, uma vez que os ensaios e a validação das práticas de cultura podem motivar os piscicultores a adotar as práticas recomendadas.

12. Os agricultores com um bom nível de educação podem ser motivados a aderir a cooperativas que os ajudarão a adquirir matérias-primas e os protegerão da exploração dos intermediários do mercado. Esses agricultores instruídos, se forem membros activos de cooperativas, depois de obterem lucros, podem atuar como criadores de tendências para os agricultores pobres menos instruídos que não são membros de sociedades cooperativas.

13. As ONG devem mobilizar os agricultores para a formação de grupos de piscicultores, grupos de mulheres, grupos de produtos de base e grupos de mulheres/homens, porque no ATMA, os fundos sancionados ao diretor-adjunto das pescas só podem ser libertados através de grupos de agricultores. Dado que a maior parte dos aquicultores são menos instruídos e menos conscientes dos regimes beneficiários, as ONG devem ajudar os agricultores a canalizar os fundos para eles através de vários regimes, como ATMA, projeto *Matsyakeralam, etc.*, e através de doadores bilaterais e multilaterais e da concessão de microfinanciamento. As ONG devem levar a cabo programas de sensibilização e de enriquecimento das competências dos aquicultores pobres, de modo a que estes se sintam esclarecidos para empreender actividades geradoras de rendimentos, como a aquicultura, a adição de valor, *etc*.

14. Os centros de ciências agrícolas, designados localmente por Krishi Vigyan Kendras (KVK), devem desenvolver cada vez mais actividades orientadas para a aquicultura, de modo a que os agricultores possam contactá-los frequentemente.

15. Os membros da cooperativa e do *Panchayath* podem divulgar prontamente aos agricultores as actividades orientadas para os agricultores organizadas pela ATMA, devido à falta de apoio do pessoal do DoF, uma vez

que os agricultores os consideram simpáticos e os abordam frequentemente.

16. O bancário principal, que é membro do GB e do MC, deve interagir livremente com os agricultores, o que os persuadirá a abordá-los sem qualquer outra reflexão sobre questões como a obtenção de empréstimos agrícolas e questões relacionadas com subsídios.

17. O pessoal do DoF deve concentrar-se em organizar os piscicultores para formarem SHGs e deve orientá-los para que sejam bem sucedidos. Os SHGs empreendedores e lucrativos levarão os piscicultores a visitá-los e a conhecer as suas actividades, de modo a que também eles pensem em criar grupos semelhantes na expetativa de obterem bons rendimentos.

18. O VEW, a ONG e o BDO devem informar os agricultores sobre o calendário das visitas de formação, demonstração e exposição organizadas pela ATMA, o que fará com que mais agricultores se desloquem a esse pessoal para se informarem sobre essas actividades.

19. Entre as actividades de apoio da ATMA, a interação entre agricultores e cientistas foi menor, o que deve ser tido em conta. Através destas interacções, os agricultores podem colocar questões diretamente aos especialistas em aquacultura sobre a cultura da exploração, para as quais podem obter respostas directas e também técnicas para aumentar a produção.

20. Os agentes de extensão e os coordenadores devem visitar com entusiasmo as explorações agrícolas de cada bloco. Em alguns locais, os agricultores não estão a receber apoio suficiente dos coordenadores, que devem ser substituídos.

21. A exposição Aqua pode ser organizada duas vezes por ano, para que possam ter um bom desempenho, tal como outros agricultores bem sucedidos, numa próxima exposição.

22. Os agricultores devem ser encorajados pelo pessoal do DoF e pelos funcionários do ATMA a fazer publicidade nos jornais locais, uma vez que isso pode mostrar aos agricultores onde e como podem obter os factores de produção agrícola e pode resolver atempadamente o problema da procura de recursos.

23. A comunidade local pode ser envolvida e informada sobre os benefícios agrícolas que podem ser obtidos através da ATMA, através da realização regular de uma exposição que se prolongue por algumas semanas. Quadros de exposição, filmes e bancas de piscicultores que vendem a colheita ou produtos cozinhados a partir da colheita podem ser colocados na exposição para atrair os agricultores a adoptarem várias práticas culturais de modo a aumentarem o seu rendimento. As exposições também podem incluir actividades de entretenimento, o que pode atrair agricultores de locais distantes para participarem nelas. Os catálogos das exposições podem ser expostos em locais públicos, onde é provável que os agricultores se

desloquem. A fim de captar a curiosidade e a popularidade, os catálogos podem ser distribuídos entre as pessoas com bastante antecedência. A abordagem de extensão de agricultor para agricultor pode ser promovida nas exposições, onde os agricultores bem sucedidos e inovadores podem passar informação sobre as actividades de aquacultura aos agricultores pobres em recursos rurais interessados. Como os próprios agricultores estarão a disseminar os conhecimentos que adquiriram através da experiência prática na abordagem de extensão Agricultor a Agricultor, outro colega agricultor perceberá que essa informação transferida é credível.

24. *Os Kisan Ghoshties* darão preferência às actividades de pesca, ao contrário do que acontece atualmente na área de estudo.

25. Nos folhetos pode ser incluída uma mensagem para encorajar os piscicultores a contactar os funcionários do DoF e da ATMA, para terem acesso a informação relacionada com a cultura. A maior parte dos piscicultores ficaram satisfeitos com a disseminação de informação através de folhetos, uma vez que estes fornecem informação básica e concisa sobre as actividades relacionadas com a piscicultura, pelo que é aconselhável distribuir mais folhetos sobre vários tipos de culturas e espécies.

26. As instituições de pesca proeminentes devem desenvolver software que possa ajudar os agricultores a aceder à informação através de bases de dados, que contêm detalhes sobre a informação da exploração, gestão de tanques, detalhes de comercialização, *etc*. A maioria dos agricultores locais não tem conhecimento da comunicação rápida e da disseminação de informações possíveis através da Internet, pelo que devem ser realizados programas de esclarecimento destinados à formação básica em informática e Internet para agricultores idosos e jovens. Os jovens agricultores instruídos podem facilmente acompanhar os cursos de informática oferecidos e podem alargar estes conhecimentos a outros agricultores idosos. O acesso das mulheres rurais à informação através da Internet deve ser assegurado mediante a atribuição de prémios pela frequência desses cursos, uma vez que elas costumam ser postas de lado devido à baixa escolaridade, ao domínio masculino e aos esforços de extensão orientados para os homens. As famílias que não têm meios para comprar computadores podem compensar esse facto utilizando telemóveis que podem agora ser carregados com taxas nominais para obter ligação à Internet.

5. Conclusão

O contacto dos agricultores com os vários recursos humanos foi quantificado através de um índice de contacto com os recursos humanos, na perspetiva dos agricultores e do pessoal do DoF, tendo-se verificado que não havia diferença significativa nas pontuações do índice de contacto com os recursos humanos, segundo a perceção dos agricultores e do pessoal do DoF, o que demonstrava uma relação adequada entre os agricultores e os recursos humanos. A regularidade e a satisfação com as exposições aquáticas foram classificadas como as mais altas entre os agricultores, através do método de classificação de Garrette, enquanto que a **partilha de pacotes tecnológicos através da Internet foi classificada em último lugar.** Cerca de 37% dos agricultores dependiam dos agentes de extensão para conhecer o programa ATMA. No final, são propostas sugestões de políticas para melhorar as actividades de extensão destinadas aos agricultores, o que, em última análise, contribuirá para o desenvolvimento da aquicultura.

6. Referências

Agbebi, F. O., 2012. Avaliação do impacto dos serviços de extensão na piscicultura no estado de Ekiti, Nigéria. *Jornal Asiático de Agricultura e Desenvolvimento Rural,* 2 (1): 62-68.

Ahmed, M. e Lorica, M. H., 2002. Improving developing country food security through aquaculture development- Lessons from Asia (Melhorar a segurança alimentar dos países em desenvolvimento através do desenvolvimento da aquicultura - Lições da Ásia). *Food Policy,* 27: 130.

Ahmed, R., Shahabuddin, A. M., Habib, M. A. B. e Yasmin, M. S., 2010. Impacto das práticas de aquacultura no distrito de Naogaon, no Bangladesh. *Research Journal of Fisheries and Hydrobiology,* 5(2): 56-65.

Ali, H. M., Hosain, M. D., Hasan, A. N. G. M., Bashar, M. A., 2008. Assessment of livelihood status of the fish farmers in some selected areas of Nagmara upazilla under Rajshahi district. *J. Bangladesh Agril. Univ.,* 6 (2): 368-369, ISSN 1810-3030.

Ali, H., Azad, M. A. K. , Anisuzzaman, M. , Chowdhury, M. M. R., Hoque, M. e Shariful, M. I., 2010. Livelihood status of the fish farmers in some selected areas of Tarakanda upazila of Mymensingh district. *J. Agrofor.* Environ., 3 (2): 85-89, ISSN 1995-6983.

Allen, D. R., 2004. Gestão da investigação sobre a satisfação do cliente: Um guia completo para integrar a lealdade e a satisfação do cliente na gestão de organizações complexas. Publicado por Milwaukee: ASQ Quality Press.

Anderson, J. e Feder, G., 2003. Rural extension services. Documento de trabalho de investigação sobre políticas do Banco Mundial, n.º 2976. Publicado pelo Banco Mundial, Washington DC.

Ango, A. K., Illo, A. I., Abdullahi, A. N. , Maikasuwa, M. A. e Amina, A., 2013. Papel dos programas agrícolas de rádio agrícola na divulgação de tecnologia agrícola aos agricultores rurais para o desenvolvimento agrícola em Zaria, Estado de Kaduna, Nigéria. *Jornal Asiático de Extensão Agrícola, Economia e Sociologia,* 2(1): 54-68.

Belsare, D. K., 1986. Tropical fish farming. Environmental publications, Karad, Índia, pp. 160.

Boserup, E., 1993. The conditions of agricultural growth: The economics of agrarian change under population pressure, ISBN 185383159X, pp. 124.

Bouis, H., 2000. Produção comercial de vegetais e de peixes de policultura no Bangladesh: O seu impacto no rendimento familiar e na qualidade da dieta. *Food and Nutrition Bulletin,* 21 (4): 482-487.

Brown, A., 2002. Farmers' market research 1940-2000: An inventory and review. *American Journal of Alternative Agriculture,* 17(4): 173.

Bujang, A. A., Zarin, H. A., e Jumadi, N., 2010. The relationship between demographic factors and housing affordability. *Malaysian Journal of Real Estate,* 5 (1).

Burbridge, P., Hendrick, V., Roth, E., e Rosenthal, H., 2001. Social and economic policy issues relevant to marine aquaculture. *J. Applied Ichthyol,* 17: 194-206.

Carney, D., 1996. Organizações formais de agricultores no sistema de tecnologia agrícola: Current roles and future challenges, Material do Overseas Development Institute, Natural Resource perspectives, Número 14. [Online]. Disponível em http://www.odi.org.uk/sites/odi.org.uk/files/odi-assets/publications-opinion-files/2963.pdf. [Acedido em 12 de fevereiro de 2014].

Cecchini, S. e Scott, C., 2003. Can information and communications technology applications contribute to poverty reduction? Lessons from rural India. *Information Technology for Development,* 10: 73-84.

Chaminuka, P., Senyolo, G. M., Makhura, M. N. e Belete, A., 2008. A fator analysis of access to and use of service infrastructure amongst emerging farmers in South Africa. *Agrekon.,* 47(3): 369-70.

Chhachhar, A. R., Hassan, M. S. , Omar, S. Z. , Soomro, B., 2012. O papel da televisão na divulgação de informações agrícolas entre os agricultores. *J. Appl. Environ. Biol. Sci.,* 2(11): 586.

Coelli, T., e Battese, G., 1996. Identificação dos factores que influenciam a ineficiência técnica dos agricultores indianos. *Australian Journal of Agricultural Economics,* 40 (2) 105-114. [Online]. Disponível em http://onlinelibrary.wiley.com/doi/10.1111/j.1467-8489.1996.tb00558.x/pdf. [Acedido em 7 de fevereiro de 2014].

DoF - Departamento das Pescas, 2010. Estatísticas da pesca interior de Kerala. Governo de Kerala. Thiruvananthapuram. [Em linha]. Disponível em http://www.fisheries.kerala.gov.in/images/publications/Inland%20%20Stati stics%202010%20Final.docx.pdf. [Acedido em 19 de julho de 2014].

Edwards, P., 2000. Aquaculture, poverty impacts and livelihoods, Natural resource perspectives, Número 56. Publicado pelo ODI, com o apoio financeiro do Departamento para o Desenvolvimento Internacional. [Online]. Disponível em http://dlc.dlib.indiana.edu/dlc/bitstream/handle/10535/3704/56- aquaculture-poverty-impacts-livelihoods.pdf.txt?sequence=2. [Acedido em 17 de fevereiro de 2014.

Engle, R. C., 1997. Optimal resource allocation by fish farmers in Rwanda. *Jornal de Aquacultura Aplicada,* 7 (1): 1-17.

Erikson, R. e Goldthorpe, J. H., 2002. Intergenerational inequality: Uma perspetiva sociológica. *Journal of Economic Perspectives*, 16 (3): 39.

Escalada, M. M., Heong, K. L., Huan, N. H. e Mai, V., 1999. Comunicação e mudança de comportamento na gestão de pragas pelos produtores de arroz: O caso da utilização dos meios de comunicação social no Vietname. *Journal of Applied Communications*, 83 (1): 24.

Feldman, R., 1983. Women's groups and women's subordination: An analysis of policies towards rural women in Kenya. *Revista de Economia Política Africana*, 10 (27-28): 67-85.

Fisher. M., 2006. Rendimento é desenvolvimento: As bombas da KickStart ajudam os agricultores quenianos a fazer a transição para uma economia de dinheiro. [Online]. Disponível em http://www.qatar.cmu.edu/iliano/courses/07F-CMU- CS502/papers/Fisher.pdf. [Acedido em 14 de fevereiro de 2014].

Flor, A. G., 2002. Oportunidades de informação e comunicação para a transferência de tecnologia e para as ligações. Consulta de peritos sobre extensão agrícola - ligações investigação-extensão-agricultor-mercado. Gabinete Regional da Organização das Nações Unidas para a Alimentação e a Agricultura para a região da Ásia e do Pacífico, Banguecoque, 16 a 19 de julho de 2002.

Folarin B., 1990. Broadcasting for rural development. *In*: Oso e Adebayo, L. (ed.) Communication and rural development in Nigeria. Abeokuta: Millennium Investments Ltd., pp. 74-90.

Gordon, M., Swift, A. e Roberts, S., 1997. Against the odds? Social class and social justice in industrial societies, publicado por Oxford: Clarendon press.

Haffkin, N. e Taggart, N., 2001. Gender, Information Technology and development study: Um estudo analítico. [Online]. Disponível em https://bearspace.baylor.edu/Hope_Koch/Teaching/Leadership/MIS%20Sh arepoint/2009010/Research%20Project/Articles/Gender%20Information% 20Technology%20and%20Developing%20Countries- An%20analytic%20study.pdf. [Acedido em 16 de fevereiro de 2014].

Haggblade, S., 1989. Farm non-farm linkages in rural sub-Saharan Africa. *World Development*, 17(8): 1173-1201.

Halpin, D., 2005. Agricultural Interest Groups and Global Challenges: Decline and Resilience, *In:* Halpin, D. (ed.) Surviving Global Change? Agricultural Interest Groups in Comparative Perspective. Ashgate, Aldershot, pp. 1-30.

Hameed, R., 2009. Papel dos meios de comunicação social na divulgação e utilização eficazes da tecnologia de produção animal pelos agricultores do distrito de Faisalabad. Tese de Mestrado não publicada, Dept. *de Agric. Ext., Univ. of Agric.* Faisalabad, Paquistão.

Heong, K. L. e Hardy, B. (ed.). 2009. Plant hoppers: New threats to the sustainability of intensive rice production systems in Asia in India, International Rice Research Institute, Los Bainos, pp. 454.

Heong, K. L., Escalada, M. M., Huan, N. H. e Mai, V., 1998. Utilização dos meios de comunicação para alterar a gestão das pragas dos produtores de arroz no Delta do Mekong, Vietname. *Crop Protection*, 17 (5): 413-425.

Hoang, L. A., Castella, J. C., Novosad, P., 2006. Social networks and information access: Implications for agricultural extension in a rice farming community in Northern Vietnam. *Agriculture and Human values*, 23: 513527.

Hinrichs, C. C., 2000. Embeddedness and local food systems: Notes on two types of direct agricultural market. *Journal of Rural Studies*, 16: 295-303.

Hoang, L. A., Castella, J. C., Novosad, P., 2006. Social networks and information access: Implications for agricultural extension in a rice farming community in Northern Vietnam. *Agriculture and Human values*, 23: 513527.

Hussain, M., 2005. Meios de comunicação social. *In*: Memon, R.A. e E. Bashir (eds.). Extension Methods (3ª ed.). National Book Found, Islamabad, Paquistão. pp. 208-261.

Jennings, J. e Packham, R., 2001. Extension's Big Bang and Genealogy: How long-run history can inform current and future practice, Conference paper, 5 p., Apresentado na Conferência Internacional APEN 2001 na Universidade de South Queensland, Toowoomba, Queensland, Austrália.

Kapanda, K., Matiya, G. ,N'gong'ola, D. H. , Jamu, D. , Kaunda, E. K., 2005. Uma análise logit dos factores que afectam a adoção da piscicultura no Malawi: Um estudo de caso do programa de desenvolvimento rural de Mchinji. *J. Applied Sci.*, 5 (8): 1514-1517.

Khan, A. N. M., Rahman, A. I. e Islam, M. A., 1998. Factores que causam dificuldades na cultura de peixes de viveiro numa área selecionada do distrito de Mymensingh. *Bangladesh J. Aquaculture*, 20: 23-27.

Korsching, P. F. e Hoban, T. J., 1990. Relationships between information sources and farmers' conservation perceptions and behaviour (Relações entre fontes de informação e percepções e comportamentos de conservação dos agricultores). *Society & Natural Resources: An International Journal*, 3 (1): 18.

Kripa, V. e Surendranathan, G. V., 2008. Social impact and women wmpowerment through mussel farming in Kerala, India (Impacto social e capacitação das mulheres através da criação de mexilhões em Kerala, Índia). *Development*, 51: 199-204.

Kumaran, M., Vimala, D. D. , Chandrasekaran, V. S., Alagappan, M., Raja, S., 2012. Abordagem de extensão para um serviço eficaz de extensão de pesca e aquicultura na Índia. *O Jornal de Educação Agrícola e Extensão* 18 (3): 247-267. DOI:10.1080/1389224X.2012.670442.

Kuponiyi, F. A., 2000. Mass media in agricultural development: The use of radio by farmers of Akinyele local government area of Oyo state, Nigeria. *Estudos de desenvolvimento agrícola da Nigéria*, 1 (1): 26-32.

MANAGE, 2007. Abordagem da extensão agrícola para o XI Plano Quinquenal. [Online]. Disponível em http://www.manage.gov.in/extnref/XI-

RECOMENDAÇÕES.pdf. [Acedido em 17 de abril de 2013].

Martin, A. e Sherington, J., 1997. Participatory research methodsImplementation, effectiveness and institutional context. *Agricultural Systems*, 55 (2): 195-216.

Mattison, L., 2009. Igualdade participativa na gestão dos recursos marinhos: A gender formed case study in fisheries management in Kerala, India and Southern New England, USA, Master (in Arts) Unpublished Theses. Estudos ambientais, Brown University, Providence, Rhode Island, pp. 57-74.

Mgbada, J. U., 2006. Effectiveness of information sources on improved farming practices to women farmers in Enugu state, Nigeria (Eficácia das fontes de informação sobre práticas agrícolas melhoradas para mulheres agricultoras no estado de Enugu, Nigéria). *Global approaches to extension practice: A journal of agricultural extension*, 2 (1): 67-78.

Middendorp, A. J. e Verreth, J. A. J., 1986. The potential of and constraints to fish culture in integrated farming systems in the Lam Pao irrigation project, Northeast Thailand. *Aquaculture*, 56 (1) 63-78, ISSN 0044-8486.

Mishra, K. A. e Goodwin, K. B., 2004. Farming efficiency and the determinants of multiple job holding by farm operators, apresentado nas reuniões de inverno da ASSA (San Diego, CA. [Online]. Disponível em http://ajae.oxfordjournals.org/content/86/3/722.full. [Acedido em 7 de fevereiro de 2014].

Mollah, A. R., Chowdury, S. N. I., Habib, M. A., 1990. Input-output relations in fish production under various pond size, ownership pattern and constraints (Relações insumo-produto na produção de peixe em diferentes tamanhos de tanques, padrões de propriedade e restrições). *Bangladesh Journal of Training and Development, 3* (2): 87101, ISSN 1013-0306.

Molnar, J. J. e Hanson, T. R., 1996. Doing development by growing fish: A cross-national analysis of Tilapia harvest and marketing practices. Décimo quarto relatório administrativo anual. Aquaculture CRSP. Corevallis. Oregaon. [Online]. Disponível em

http://pdacrsp.oregonstate.edu/pubs/admin/admin14h/admin14toc.html. [Acedido em 15 de julho de 2014].

Molnar, J. J., Hanson, T. R e Lovshin, L. L., 1996. Social, economic, and institutional impacts of aquaculture research on Tilapia: The PDA/CRSP in Rwanda, Honduras, The Philippines, and Thailand. Investigação apoiada pela Agência dos Estados Unidos para o Desenvolvimento Internacional através do Projeto de Apoio à Investigação Colaborativa Pond Dynamics/Aquaculture. [Online]. Disponível em http://pdf.usaid.gov/pdf_docs/PNACA222.pdf. [Acedido em 12 de junho de 2014].

Mulder, C. H., 2006. População e habitação: A two sided relationship. *Investigação demográfica. German.* 15 (13): 401-412.

Oladeji, J. O., 2011. A perceção dos agricultores sobre os anúncios agrícolas nos jornais nigerianos no município de Ibadan, Estado de Oyo, Nigéria. *Journal of Media and Communication Studies*, 3(3): 97-101.

Oladosu, I. O. e Okunade, O. E., 2006. Perceção dos agentes de extensão das aldeias na divulgação de informação agrícola na zona agrícola de Oyo do Estado de Oyo. *J. Soc. Sci.*, 12(3): 187-191.

Oluwemimo, O. e Damilola, A., 2013. Questões socioeconómicas e políticas que determinam a criação sustentável de peixes na Nigéria. *Revista Internacional de Produção Animal*, 4(1): 1-8. ISSN 2141-2448. [Online]. Disponível em http://www.academicjournals.org/IJLP. Acedido: 30 maio, 2014].

Omoyeni, B. A. e Yisa, J. J., 2005. Melhoria da produção de peixe no estado de Borno com serviços de extensão. *In:* Araoye, P.A. (ed.), Actas da conferência anual da sociedade de pesca da Nigéria (FISON). Apapa, Lagos, Nigéria: Sociedade de Pesca da Nigéria, pp. 658-662.

Pirie, N. W., 1969. Food resources conventional and novel, Recursos alimentares convencionais e novos. pp. 208.

Pulickaparambil, M., 1963. Some social determinants of political preference in Kerala state, India, Unpublished Masters theses, Loyola University, Chicago, pp. 8-9.

Quisumbing, A. R., 1996. Diferenças entre homens e mulheres na produtividade agrícola: Methodological issues and empirical evidence, *World Development*, 24 (10) 1579-1595.

Rahelizatovo, N. C., Gillespie, J. M., 2004. The adoption of Best Management Practices by Lousiana dairy producers. *Journal of agriculture and applied economics*, 36, 1: 229- 240.

Rehman, F., Muhammad, S., Ashraf, I. e Hassan, S., 2011. Factores que afectam a eficácia da imprensa escrita na divulgação de informações agrícolas. *Sarhad J. Agric.*, 27 (1): 119-121.

Riesenberg, L. E. e Gor, C. O., 1989. Preferências dos agricultores quanto aos métodos de receção de informação sobre práticas agrícolas novas ou inovadoras. *Journal of Agricultural Education*, 30(3): 7-13.

Roche, M. M., Johnston, T. e Letteron, R. B., 1992. Farmers Interest Groups and agricultural policy in New Zealand during the 1980s (Grupos de interesse dos agricultores e política agrícola na Nova Zelândia durante a década de 1980). *Environment and Planning A*, 24: 1749-1767.

Rogers, E. M., 1965. Mass media exposure and modernisation among Columbian peasants, publicado pela Oxford University press. *The public opinion quarterly*, 29 (4): 619-625.

Saiko, K. A., Mekonnen, H., Spurling, D., 1994. Raising the productivity of women farmers in Sub Saharan Africa, Parts 63-230, World Bank publications, Executive Summary, pp ii- vi.

Salisbury, R. H., 1969. An exchange theory of Interest Groups. *Midwest journal of political science*, 7 (1): 1.

Sandhu, A. S., Dhillon, W. S., 2005. Horticultural extension education and training programs for the development of horticulture in Punjab state of India. *Ata Horticulturae,* 672: 325-330.

Schultz, T. W., 1990. Restoring economic equilibrium, Basil Blackwell, Cambridge, ISBN 1557860815, pp. 234. [Em linha]. Disponível em http://library.wur.nl/WebQuery/clc/1691905, [Acedido em 7 de fevereiro de 2014].

Shanmugasundaram, S., 2004. Improving income and nutrition by incorporating Mung bean in cereal fallows in the Indo Gangetic plains of South Asia, Proceedings of the Final Workshop and Planning Meeting. *Em:* Bains, T. S., Brar, J. S., Singh, G., Sekhon, H. S. e Kooner, B. S., Status of production and distribution of mungbean seed in different cropping seasons, Department of Plant Breeding, Genetics and Biotechnology. Universidade Agrícola de Punjab, Ludhiana, Punjab, pp. 104-115.

Stoop, W. A., Uphoff, N., Kassam, A., 2002. A review of agricultural research issues raised by the system of rice intensification (SRI) from Madagascar: Opportunities for improving farming systems for resource-poor farmers. *Agricultural Systems,* 71:249-274.

Swanson, B. E., Bentz, R. P., Sofranko, A. J. (ed.). 1996. Improving agricultural extension: A reference manual, Chapter 2: Alternative approaches to organizing extension, Najel, J., FAO, Rome.

Tilman, D., Cassman, K .G. , Matson, P. A. , Naylor, R. and Polasky, S., 2002, Agricultural sustainability and intensive production practices, Review article. *Nature*, 418: 671-677.

Tu, N. V. e Giang, T. T., 2002. Melhorar a eficiência da atividade de extensão da aquacultura nas províncias do sudeste do Vietname do Sul. *Em*: Edwards, P., Demaine, H. e Little, D.C. (ed.), Rural Aquaculture. Wallingford, Reino Unido: CABI Publication, pp. 285-300.

Udo, M. T. ,Okon, A. O. , Lebo, P. E., Ikpe, G. B., 2005. Melhorar a aquacultura através do aumento da investigação de extensão pesqueira. *In*: Araoye, P. A. (ed.),

Actas da 19ª Conferência Anual da Sociedade das Pescas da Nigéria. Apapa, Lagos, Nigéria: Sociedade das Pescas da Nigéria, pp. 54-57.

Wang, Y., 2001. China P.R.1: A Review of National Aquaculture Development. *In*: Aquaculture in the Third Millennium, Technical Proceedings of the Conference on Aquaculture in the Third Millennium, Bangkok: NACA e Roma: FAO.

Centro Mundial do Peixe, 2011. Aquacultura, pescas, pobreza e segurança alimentar. Documento de trabalho 2011-65. [Online]. Disponível em

http://www.worldfishcenter.org/resource_centre/WF_2971.pdf. [Acedido em 18 de junho de 2014].

Yirga, C. T., 2007. The dynamics of soil degradation and incentives for optimal management in Central Highlands of Ethiopia, Tese de Doutoramento (não publicada), Departamento de Economia Agrícola, Extensão e Desenvolvimento Rural, Universidade de Pretória, África do Sul.

Yu, Z. B., Shi, L., Qing-hua, 2011. Adoção de tecnologia agrícola e aumento do rendimento dos agricultores: Tomando como exemplo os agricultores da província de Jiangxi. *Investigação comercial*, 2:10-12. Faculdade de Economia e Gestão de Antai, Universidade Jiaotong de Xangai, Xangai, China.

Printed by Books on Demand GmbH, Norderstedt / Germany